计算机网络安全技术

季莹莹　刘　铭　马敏燕　主编

汕头大学出版社

图书在版编目（CIP）数据

计算机网络安全技术 / 季莹莹，刘铭，马敏燕主编
. -- 汕头：汕头大学出版社，2021.11
ISBN 978-7-5658-4509-3

Ⅰ. ①计… Ⅱ. ①季… ②刘… ③马… Ⅲ. ①计算机
网络－安全技术 Ⅳ. ①TP393.08

中国版本图书馆CIP数据核字(2021)第222314号

计算机网络安全技术
JISUANJI WANGLUO ANQUAN JISHU

主　　编：季莹莹　刘　铭　马敏燕
责任编辑：邹　　峰
责任技编：黄东生
封面设计：瑞天书刊
出版发行：汕头大学出版社
　　　　　广东省汕头市大学路 243 号汕头大学校园内　邮政编码：515063
电　　话：0754-82904613
印　　刷：三河市嵩川印刷有限公司
开　　本：710 mm×1000 mm　1/16
印　　张：6.5
字　　数：96 千字
版　　次：2021 年 11 月第 1 版
印　　次：2022 年 1 月第 1 次印刷
定　　价：58.00 元
ISBN 978-7-5658-4509-3

前　言

在科学技术飞速发展的今天，由于计算机网络技术被广泛应用，网络资源通过通信手段被共享，人们从网络中得到好处的同时，也承担着信息泄露、个人数据被破坏的风险。目前，网络安全问题在许多国家已经引起了普遍关注，成为当今网络技术的一个重要研究课题。

从技术上讲，网络安全是一门涉及计算机科学、网络安全、信息安全、人工智能、通信、密码、应用数学、数论、信息论等多种学科的综合性科学。网络安全是指网络系统的硬件、软件及其系统中的数据受到保护，不被偶然或者恶意破坏、更改、泄露，确保系统能连续可靠正常地运行，网络服务不中断。网络安全从其本质上来讲就是网络上的信息安全。从广义来说，凡是涉及网络上信息的保密性、完整性、可用性、真实性和可控性的相关技术和理论都是网络安全的研究领域。影响计算机网络安全的因素很多，除了信息的不安全性以外，层出不穷的电脑病毒也给网络安全带来了严重威胁。另外，黑客对于网络安全的威胁也日趋严重。

为了降低计算机网络所面临的安全风险，我们必须采取相应的技术手段，保护网络设备和程序数据。对于计算机网络安全及防护技术而言，其属于计算机网络的一项辅助技术，正是因为存在着这样的网络技术，用户在使用计算机网络时才能够保证相关的网络信息不被窃取。由于科技的不断发展，越来越多的不法分子利用网络窃取信息，针对计算机网络安全及防护技术的研究与升级已经刻不容缓。

国家计算机网络应急技术处理协调中心，简称国家互联网应急中心，是中央网信办所属事业单位，负责处理国家公共互联网的安全事件，为国家公共互联网、国家主要网络信息应用系统以及关键部门提供计算机网络安全监测、预警、应急、防范、测评等安全服务和技术支持，及时收集、核实、汇总、发布有关互联网安全的权威信息，组织国内计算机网络安全应急组织进行国际合作和交流，其业务目标主要是为政府机构和社会公众提供公益服务，而不以盈利为目的。2008年以来，国家互联网应急中心围绕国家网络安全问题，积极开展网络安全监测、数据分析与发布、安全事件协调与处理、网络安全培训与交流等各项业务，在奥运会、全国两会等重要网络安全保障工作中发挥了重要作用，为保障国家网络安全提供了重要保障。国家互联网应急中心工作得到了党中央、国务院的高度重视和充分肯定。党和国家领导人多次到安全中心视察工作，对中心工作给予了充分肯定。

国家计算机网络应急技术处理协调中心浙江分中心（以下简称"安全中心浙江分中心"）是国家中心在浙江的分支机构，为副厅级公益二类事业单位，在浙江省内履行国家中心的各项职能，是浙江省网络空间安全协会、浙江省互联网协会副理事长单位。自2002年成立以来，积极与网信、通管等部门开展战略合作，在完善网络安全保障体系、加强舆情监测、提升技术水平、办好世界互联网大会等综合管网治网方面发挥着支撑作用。加强与地方电信、互联网、车联网、物联网、金融等行业的合作，推动互联网安全、互联网金融风险分析、互联网反诈骗和关键信息基础设施动态风评等技术在各个行业的应用，保障重点企业和关键信息基础设施的网络安全。

本书由来自国家计算机网络与信息安全管理中心浙江分中心的季莹莹担任第一主编；由来自国家计算机网络与信息安全管理中心的刘铭担任第二主编；由来自国家计算机网络应用技术处理协调中心浙江分中心的马敏燕担任第三主编；由来自福建中烟工业有限责任公司的顾茜担任第一副主编；由来自成都市公安局刑警支队的李岩担任第二副主编；由来自成都市公安局刑警支队的黄思成担任第三副主编；由来自黑龙江商业职业学院的刘璐担任第四副主编；由来自陆军装甲兵学院蚌埠校区的沈吉锋、于进杰、周宗铂、朱思瑾担任编委。

目　录

第一章 网络安全的现状

第一节 开放网络的安全

从本质上来讲，网络安全就是网络信息安全，它涉及的领域非常广泛。从广义上来说，凡是涉及网络信息的保密性、完整性、可用性、真实性和可控性的相关技术和理论，都是网络安全要研究的领域。网络安全的通用定义是通过计算机技术、网络技术、密码技术和信息安全技术，保护公用通信网络中传输、交换和存储过程中信息的机密性、完整性和真实性，避免偶然的或者恶意的原因而遭到破坏、更改、泄露，并对信息的传播及内容具有控制能力，确保系统连续、可靠、正常地运行。

网络安全的结构层次包括物理安全、安全控制和安全服务。

网络安全关系企业发展、个人隐私，关系国家机密和国家利益，世界各国之间，为了达到政治、经济、军事、文化方面的战略目的，掀起了一场前所未有的战争——信息战（Information Warfare）。

在当今的信息化社会中，重视网络安全，采取多种有效的安全技术，不断提高安全技术水平和管理水平，保证信息的安全对于促进经济发展和保障国防安全都具有极其重要的意义。

一、开放系统的基本概念

开放系统强调通过应用国际化标准，使系统互联时不存在障碍，构建了一个开放的网络环境。ISO（国际标准化组织）制定的 OSI（Open Systems Connection，开放系统互联）结构是对不同开放系统的应用进程之间通信所需功能的抽象描述，它所研究的是系统之间通信的标准。

确立 OSI 体系结构时，首先需要研究开放系统的基本元素，并确定相应的组织和功能。其次，根据此模式所构成的框架，对开放系统的功能进行进一步的描述，即形成开放系统互联的各种服务和协议。按照 ISO 7498 的定义，OSI 体系结构有 7 个层次，每个层次都能完成信息交换任务中一个相对独立的部分，具有特定的功能。

二、开放系统的特征

开放系统的本质特征是系统的开放性和资源的共享性。系统的开放性指系统有能力包含各种不同的硬件设备、操作系统和访问用户，资源的共享性指系统有能力把资源提供给不同的用户自由使用，没有机密性要求。

互联网是一种开放的结构，不提供保密职务，这使互联网具有以下特点：

（1）互联网是无中心网，再生能力强。一个局部的破坏不影响互联网整个系统的运行。因此，互联网特别能适应战争环境。

（2）互联网可实现移动通信、多媒体通信等多种服务。互联网提供电子邮件、文件传输、全球浏览以及多媒体、移动通信服务，正在实现一次通信（信息）革命，在社会生活中起着非常重要的作用。

（3）互联网一般分为外部网和内部网。从安全保密的角度来看，互联网的安全主要指内部网的安全，因此其安全保密系统要靠内部网的安全保密技术来实现，并在内部网与外部网的连接处用防火墙技术隔离，以确保内部网的安全。

（4）互联网的用户主体是个人。个人化通信是通信技术发展的方向，推动着信息高速公路的发展。

三、ISO 参考模型

在 ISO 制定的 OSI 参考模型中，主机间的通信过程划分为物理层、数据链路层、网络层、传输层、会话层、表示层、应用层 7 个层次，每一层只与相邻的上下两层交换信息，通过不同层次间的分工与合作来完成任意两台机器间的通信。因此，研究开放系统时，首先需要研究其基本元素并确定相应的组织和功能，其次根据此模式所构成的框架，对开放系统的功能进行进一步的描述，即形成开放系统互联的各种服务和协议。

（一）OSI 的层服务

下面简单介绍 OSI 的 7 层协议所提供的服务。

1.物理层

物理层是 OSI 结构的底层，负责描述联网设备的物理连接属性，包括各种机械、电气和功能的规定，如连接器的类型、尺寸、插脚数目和功能等主要项目，还有网络的速率和编码方法。物理连接从另一个角度理解是完成位流的透明传输，即用来确保发送出一个"1"，接收到的也是一个"1"，而不是"0"。这里信息流的单位是位，而不是字符或由多字符构成的块或帧。物理层不仅需要负责物理连接的建立和维护，还需要管理物理连接的撤销。

2.数据链路层

数据链路层将网络层送来的连续的数据流装配成一个个数据帧，然后按序发送出去，并处理接收端发送回来的确认帧，目的是保证物理层在任何通信条件下都能向其高层提供一条无差错的、高可靠的传输线路，从而保证数据通信的正确性，并为网络的正常运行提供所要求的数据通信质量。

3.网络层

数据链路层是在相邻的两台主机间传送数据，而当数据包通过不兼容的网络时可能会产生许多问题，这些问题都需要网络层来解决。网络层服务独立于数据传输技术，为网络实体提供中继和路由方案，同时为高层应用提供数据编码。网络层最重要的作用是将数据包从源主机发送到目的主机。而网络层所说的两台主机不一定是相邻的，很可能不在一个局域网内，甚至要跨越几个网络。数据包传送过程中，网络层根据数据包中目的主机地址的不同为它们选择合适的路径，直到数据包到达目的主机。当数据包要进入不兼容的网络时，不兼容的信息将进行必要的转换。

OSI 既提供无连接的网络层服务，也提供有连接的网络层服务。无连接服务是用于传输数据和差错标识的数据报协议，没有差错检测和纠正机制，而将差错处理交给传输层完成；面向连接的服务为传输层实体提供建立和撤销连接以及数据传输的功能。

4.传输层

传输层的基本功能是从会话层接收数据，并将这些数据传送给网络层，确保数据能正确地到达目标主机，使高层应用不需要关心数据传输的可靠性和代价。基于传输层提供的端到端控制以及信息交换功能提供系统间数据的透明传输，为应用程序提供必要的高质量服务，是第一个真正意义上的端到端层。

5.会话层

会话层通过不同的控制机制，将其下 4 层提供的数据流形成不同主机上用户间的一次会话，或者是一个用户远程登录，或者是在两台主机间传送一个文件。控制机制包括：统计、会话控制和会话参数协商。会话层可以使应用进程间会话机制结构化，而基于结构化数据的交换技术允许信息以单向或是双向的方式传送。

6.表示层

表示层独立于应用进程，一般是相邻层间传递简单信息的协议。由于相邻层在数据表示上存在差异，因而需要通过表示层使用户根据上下文完成语法选择和调整。例如，不同的主机对字符串实行不同的编码方式，为了方便不同编码的主机间的信息交流，必须将要传送的信息转换成双方主机都能理解的一种标准编码格式。

7.应用层

应用层的主要目的是满足应用需要，内容包括提供进程间通信的类库方法，提供建立应用协议的通用过程以及获得服务的方法等。应用层包括许多常用的协议，所有的应用进程都使用应用层提供的服务。应用层解决了两个典型的问题，一是解决不兼容的终端类型问题，另一个是文件传输问题。

OSI 的 7 层协议模型中，最低两层处理的是通过物理链接相连的相邻系统，也被称为中继服务。通过链路连接的一组系统，每到达下一个相邻系统可以理解为完成了一次中继，此时需要将协议控制信息删除，并增加一个新的数据头，以控制下一次中继。

（二）通信实例

下面通过典型的 OSI 通信模式和对等通信模式来加深对 OSI 参考模型的理解。

1.OSI 通信模式

假设本地计算机上运行的一个客户应用程序，需要联网的远程计算机提供远程服务。

客户端应用程序调用应用联接请求，开始通信会话。初始化应用层后，建立与表示层的联接，并发送一个表示层请求原语建立服务数据单元。请求原语将服务数据单元发送给会话层，会话层为此分配一个会话标识，并选择合适的协议以支持应用层要求的服务。会话层还需要确认通信目标，即远程计算机。

为建立与远程系统的联接，会话层将进一步向传输层发送传输层请求。传输层请求设置了所需的远程服务以及需要使用的传输协议类型。

传输层随后请求网络层与远程系统建立联接。网络层服务一般已经建立了与最近的中继系统之间的链路联接，因此假设所有层实现了联接。

最后，通过链路层服务向远程系统发送网络层联接包，系统所作的响应是调用传输层服务建立一个传输层联接。如果远程系统可用，则需要对传输层的建立进行确认，并将此信息返回给本地客户计算机。此时，两个系统已经通过传输层建立了联接通路。

2.对等通信模式

对等通信按以下规则进行定义：即一层中的通信独立于前一层通信。对等通信模式中，每一层都提供一个与之对等端通信的协议。当某一层传输一个数据包时，需要为之增加数据头，里面包含着协议控制信息（PCI）。在 OSI 术语中，数据包也称为有效负载或协议数据单元（PDU），如果设置了数据格式，也就建立了相应的服务数据单元（SDU），通过下一层的服务接口进行发送。同样的，对数据单元的进一步发送将由下一层提供的服务完成。

四、TCP/IP 协议

TCP/IP 协议，即传输控制协议和网际协议，是 Internet 的核心协议，而且随着 Internet 的普及及其技术上的优势，TCP/IP 协议已经广泛地应用于 Intranet（内部网）。

（一）TCP/IP 协议简介

TCP/IP 协议开发的最初目的是实现网络和应用的兼容性，实现异种网络、异种机器之间的互连。最初，TCP/IP 协议主要用于 Arpanet（Internet 的前身）和 Sanet 的连接。

（二）网络层协议

网络层的作用是将数据包从源主机发送出去，并且使这些数据包独立地到达目的主机。数据包传送过程中，即使是连续的数据包，也可能走过不同的路径，所以到达目的主机的顺序也会不同于它们被发送时的顺序。这是因为网上的情况十分复杂，路径随时可能发生故障或是出现数据包的拥塞。因此，网络层定义了一个标准的包格式和协议，该格式的数据包能被网上所有的主机理解和正确处理。

（三）传输层协议

传输控制协议是主要的互联网协议，它所完成的任务很重要，如文件传输、远程登录。TCP 通过可靠数据传输完成这些任务，这种可靠传输确保发送数据以相同顺序、相同状态到达信宿。

（四）应用协议层

TCP/IP 应用层协议很多，下面介绍常用的 Telnet、FTP、SMTP、HTTP、NNTP 和 SNMP 协议。

Telnet（虚终端服务）是用得较多的一类应用层协议。它允许一台主机上的用户登录另一台远程主机，并在远程主机上工作，而用户当前所使用的主机仅是远程主机的一个终端（包括键盘、鼠标、显示器和一个支持虚终端协议的应用程序）。

FTP（文件传输协议）提供了一个有效的途径，将数据从一台主机传送到另一台主机，是文件传输的标准方法。文件传输有文本和二进制两种模式。文本模式用来传输文本文件，并实现一些格式转换。例如，UNIX 系统中新行只有一个 ACSII 符号（0x0d），而 DOS 中新行由两个 ACSII 符号（0x0d，0x0a）组成，在传输中 FTP 要进行这种转换。在运用二进制传输模式时，如传输图像文件、压缩文件、可执行文件时，则不进行转换。用户可以向 FTP 服务器传输文件，即上传文件，也可以从 FTP 服务器向自己所在的主机传输文件，即文件的下载。

SMTP（简单邮件传输协议）使用默认的端口 25，以电子数据的方式可靠、高效地传输邮件，即使相隔大洲、大洋，邮件也可在短短的几分钟内到达接收方的电子信箱。

HTTP（超文本传输协议）可能是所有协议中最著名的协议，因为它允许用户浏览网络，在 WWW 服务器上取得用超文本标记语言书写的页面。在RFC1945 中是这样简洁描述 HTTP 的："HTTP 是一个应用层协议，具备分布、协同、超媒体信息系统所必需的轻巧和速度。它是一个普通的、面向对象的协议，可用于许多任务，如名称服务器、分布式对象管理系统等。HTTP 的一个特点是数据描述的归类，允许独立建立传输数据系统。"RFC 1945 已被 RFC 2068取代，后者是 HTTP 最新的定义，参见地址：ftp://ds.internic.net/frc/rfc2068.txt。

NNTP（网络新闻传输协议）是用途最广的协议之一，它提供对人所共知的 USENET 新闻的访问，在 RFC 977 中对其目的的定义如下："NNTP 是用于公布式系统的一种协议，它利用可靠的、基于流的新闻传输方式，在互联网世界中查询、检索和发送新闻稿。根据 NNTP 的设计，新闻稿被存储在中央数据库中，允许用户选择他想阅读的新闻文章，还提供对旧消息的索引、对照参考和舍弃功能。"

SNMP（简单网络管理协议）是为集中管理网络设备而设计的一种协议，

SNMP 管理站可用 SNMP 从网络设备上查询信息,也可用来控制网络设备的某些功能。同时利用 SNMP,网络设备也可以向 SNMP 管理站提供紧急信息。使用 SNMP 的主要安全问题是别人可能控制并重新配置网络设备以达到他们的目的。

五、网络安全的基本目标

网络安全是一门涉及计算机科学、网络通信、密码学、应用数学、数论、信息论多种学科的综合性学科。网络安全有下列 4 个基本目标:

（1）完整性（Integrity），指信息在存储或传输过程中保持不被修改、破坏和丢失;

（2）可靠性（Reliability），指对信息完整性的信赖程度，也是对网络信息安全系统的信赖程度;

（3）可用性（Availability），指当需要时能存取所需信息;

（4）安全保密（Security），指防止非授权访问。

第二节　网络拓扑与安全

拓扑结构指网络的结构组成方式，是连接在地理位置分散的各个节点的一种几何逻辑方式。拓扑结构决定了网络的工作原理及网络信息的传输方法，对网络安全有很大的影响。

一、拨号网（Dial up Network）

由于交换和拨号功能的加入，任何一种类型的网络均可是拨号网。拨号网需要解决下列问题:

（1）如何决定双方通信时呼出方和呼入方的长途电话费;

（2）如何证实授权用户的身份;

（3）如何确定信息是安全的。

二、局域网（Local Area Network）

局域网（LAN）常用的定义为：在一个建筑物（或距离很近的几个建筑物）中，用一个微机作为服务器连接若干条微机组成的一种低成本的网络。

局域网的主要优点如下：

（1）用户共享数据、程序及打印机类的设备；

（2）成本低；

（3）便于系统的扩展和逐渐地演变；

（4）提高了系统的可靠性、可用性；

（5）响应速度快；

（6）设备位置可以灵活地调整和改变。

要确保局域网的安全性，用户需要注意以下两点：①确保电缆是完好的，线路中间没抽头。因为局域网在每个结点上是最脆弱的，在每一个结点上都可以截获到网络通信中的所有信息，所以应确保每个结点是安全的，而且其用户是可信的；②严禁任何结点的用户未经许可与外界网络互连，如私自接入 Internet。

三、总线网（Bus Network）

总线网也叫多点网络，是从网络服务器中引出一根电缆，将所有的工作站依次接在电缆的各节点上。总线网可以使用两种协议，一种是以太网使用的 CSMD/CD，而另一种是令牌传递总线协议。对局域网用户而言，总线方式更为方便，因为当加入新用户或者改变老用户时，很容易从总线上增加或删除一些结点。

总线网中每个结点都负责发送和接收它的所有通信，当没有其他进程使用总线时，一个主机把消息送到总线上，各主机也必须连续地监测总线以接收预定给它的消息。从这种意义上讲，每个主机都能访问每次通信，而不仅仅是指定的收件人才能访问，总线上没有中心管理机构，每个主机都协同动作，但都是自治的。因此，没有中心结点来控制要处理的消息的路由。一个结点可把分散的噪声插入网络以限制隐蔽信道的应用，但是没有结点能够通过另外的结点重新设置路由进行传输。同样，也没有一个结点来鉴别其他结点的真实性。如果一个结点声明为 A，要靠每个结点去辨别这一声明的真实性。

四、环型网（Ring Network）

环型网每两个结点之间有唯一的一条路径并且线路是闭合的。每个结点都接收到许多消息并扫描每个消息，然后移走给它的指定消息，再加上它想传输的任何消息，接着将消息传向下一个结点。从安全的观点来看，这意味着每个消息都要经过每个结点，有可能被每个结点所了解。另外，没有管理机构来分析信息流以检测隐蔽信道，同样也没有管理机构来核实任何结点的真实性。一个结点可以将其本身标称为任何名字，并且可以获取属于它或不属于它的任何消息。

和总线网一样，环型网在电缆上要比星型网便宜，这是因为它用的电缆少。然而，与总线网不同的是，环型网中的电缆故障容易克服，信号可以在两个方向上传输。环型网通常用于一座大楼内，星型网中的安全控制措施同样适用于环型网。

五、星型网（Star Network）

星型网也叫集中型网络，指所有的节点都直接与中央处理机连接，并与其他节点分离，所以从一个节点到另一个节点的通信必须经过中央处理机。

星型网通常局限于一座大楼范围内，常用于楼内一组办公室之间，这是因为电缆的成本比较高。

星型网有两个重要的优点：

（1）两个结点之间的通信只定义了一条路径，如果这条路径是安全的，那么通信就是安全的；

（2）由于星型网的网络通常处于固定的物理位置，因而确保物理安全并防止未经授权的访问比其他类型网络更容易一些。

第三节　网络的安全威胁

一、安全威胁的分类

网络安全与保密所面临的威胁来自多方面，并且随着时间的变化而变化，一般分为网络部件的不安全因素、软件的不安全因素、人员的不安全因素和环境的不安全因素 4 个方面。

（一）网络部件的不安全因素

网络部件的不安全因素包括：

（1）电磁泄漏。网络端口、传输线路和计算机都有可能因屏蔽不严或未屏蔽造成电磁泄漏，用先进的电子设备可远距离接收这些泄漏的电磁信号。

（2）搭线窃听。攻击者采用先进的电子设备进行通信线路监听，非法接收信息。

（3）非法入侵。攻击者通过连接设备侵入网络，非法使用、破坏或获取信息资源。

（4）设备故障等意外原因。

（二）软件方面的不安全因素

软件方面的不安全因素分为两类：

（1）软件安全功能不完善。没有采用身份鉴别和访问控制安全技术。

（2）病毒入侵。计算机病毒侵入网络并扩散到网上的计算机，从而破坏系统。

（三）人为原因引起的不安全因素

（1）人员保密观念不强或不懂保密守则，随便泄露、打印、复制机密文件。

（2）有意破坏网络系统和设备。

（3）操作系统的人员通过超越权限的非法行为获取或篡改信息。

（四）环境的不安全因素

环境的不安全因素包括地震、火灾、雷电、风灾、水灾等自然灾害，以及温湿度冲击、空气洁净度变差、掉电、停电或静电等工作环境的影响。

二、网络攻击的方式

计算机网络信息的访问通过远程登录进行，这给入侵者以可乘之机。假如一名入侵者在网络上窃取或破译他人的账号或密码，便可对他人的网络进行访问，实现窃取信息资源的企图。

随着计算机技术的不断发展，入侵者的手段也在不断翻新。由简单的闯入系统、哄骗、窃听，发展到制造复杂的病毒、逻辑炸弹、网络蠕虫和特洛伊木马，而且还在继续发展。目前，攻击方式大致有以下几种：

（1）窃听通信业务内容，识别通信的双方，以达到了解通信网中传输信息的性质和内容的目的。

（2）窃听数据业务及识别通信字，并依此通信字访问和利用通信网，进而了解网中交换的数据。

（3）分析通信业务流以推知关键信息。通过对通信网中业务流量的分析可了解通信的容量、方向和时间窗口信息，在军用网中这些信息至关重要。

（4）重复或延迟传输信息，使被攻击方陷入混乱。

（5）改动信息流，对网络中的通信信息进行修改、删除、重排序，使被攻击方做出错误的反应。

（6）阻塞网络，将大量的无用信息注入通信网以阻断、扰乱有用信息的传输。

（7）拒绝访问，阻止合法的网络用户执行其功能。

（8）假冒路由，攻击网络的交换设备，将网络信息引向错误的目的地。

（9）篡改程序，破坏操作系统、通信及应用软件，如利用计算机病毒、"蠕虫"程序、"特洛伊木马"程序、逻辑炸弹方式进行软件攻击。

三、网络攻击的动机

（一）军事目的

军事情报机构是网络安全最主要的潜在威胁者，截获计算机网络中传输的信息是他们收集情报工作的一部分。信息战引起了各国的关注，对于国家而言，客观上对网络安全造成了威胁。可以推测，以敌国政府作为强大后盾的军事性网络入侵将使今后的网络受到更加严重的威胁。

（二）经济利益

随着私人商业网接入互联网，网络中有价值的信息越来越多，于是产生了一类攻击网络的高级罪犯。攻击者的首要目标是银行，已经有罪犯通过网络从银行盗取资金的案例，而且他们还常常在网络上窃取信用卡账号。有些攻击者的目标是敌对公司的网络，通过攻击网络进行商业竞争或诈骗活动。工业间谍已引起了人们广泛关注。所谓工业间谍，是指为了获取工业秘密，渗透进入某公司内部的私人文件，偷取商业情报以获得经济利益的人。

（三）报复或引人注意

攻击者可能出于报复或扬名的目的而攻击网络系统，一般是为了发泄不满或引起关注，严重时会扰乱社会秩序，对国家安全造成威胁。

（四）恶作剧

入侵者具备一定的计算机知识，访问他所感兴趣的站点。有时他们想做一个善意的恶作剧，有时会进行恶意破坏。

第二章　网络安全体系结构

第一节　网络安全

一、网络安全的含义

网络安全是指网络系统的硬件、软件及其系统中的数据受到保护，不因偶然或者恶意的行为而遭到破坏、更改、泄露，系统持续、可靠、正常地运行，网络服务不中断。

一个现代网络系统若不制定网络安全措施，就是不完整的。从本质上来说，网络安全是网络上的信息安全。网络安全涉及的领域相当广泛。从广义来说，凡是涉及网络信息的保密性、完整性、可用性、真实性和可控性的相关技术和理论，都是网络安全要研究的领域。

网络安全可从以下几个角度理解：①从用户的角度来说，涉及个人隐私或商业利益的信息在网络上传输时受到机密性、完整性和真实性的保护，避免信息被窃听、冒充、篡改、抵赖、非授权访问和破坏；②从网络管理者的角度来说，他们对本地网络信息的访问、读写操作受到保护和控制，避免出现病毒、非法存取、拒绝服务以及网络资源非法占用、非法控制威胁；③从教育工作者的角度来说，网络上不健康的内容会影响青少年成长，必须对其加以控制。

由此可见，网络安全在不同的环境和应用中会有不同的解释。网络安全涉及以下几个具体层面：

（1）运行系统安全。运行系统安全指的是保证信息处理和传输系统的安全。它包括法律、政策的保护，计算机机房环境的保护，计算机结构设计上的安全性考虑，硬件系统的可靠安全运行，计算机操作系统和应用软件的安全，数据库系统的安全，电磁信息泄露的防护等。

（2）系统信息的安全。系统信息的安全包括用户口令鉴别、用户存取权限控制、数据存取权限、方式控制、安全审计、安全问题跟踪、计算机病毒防治、数据加密。

（3）信息传播的安全。信息传播的安全即信息传播后果的安全，包括不良信息的过滤。

（4）信息内容的安全。信息内容的安全即通常所说的狭义上的"信息安全"。它侧重于保护信息的保密性、真实性和完整性，避免攻击者利用系统的安全漏洞进行窃听、冒充、诈骗等有损于合法用户的行为。显而易见，网络安全与其所保护的信息对象有关，本质上是在信息的安全期内，保证其在网络上流动或静态存放时不被非授权用户非法访问，但授权用户却可以访问。

二、网络安全的需求

网络的安全需求是为保证系统资源的保密性、安全性、完整性、可靠性、有效性和合法性，为维护正当的信息活动，采取的组织技术措施和方法的总和。

（1）保密性。保密性指利用密码技术对信息进行加密处理，以防止信息泄露。

（2）安全性。安全性标志着一个信息系统的程序和数据的安全保密程度，防止非法使用和访问的程度。

（3）完整性。完整性标志着程序和数据的信息完整程度，使程序和数据能满足预定要求。完整性分软件完整性和数据完整性两个方面。

（4）服务可用性。服务可用性指对符合权限的实体能提供优质的服务，是适用性、可靠性、及时性和安全保密性的综合表现。

（5）有效性和合法性。有效性和合法性有两层含义：信息接收方应能证实它所收到的内容和顺序都是真实的，应能检验收到的信息是否过时或为重传的信息；信息发送方不能否认从未发过任何信息并声称该信息是接收方伪造的，信息的接收方不能对收到的信息进行任何修改和伪造，也不能抵赖收到信息。

（6）信息流保护。信息流保护指网络上传输信息流时，应该防止有用信息的空隙之间被插入有害信息，避免出现非授权的活动和破坏。

三、网络安全的内容

网络安全的实质是安全立法、安全管理和安全技术的综合实施，这三个层次体现了安全策略的限制、监视和保障职能。网络安全技术涉及的内容很多，主要有：①网络安全技术；②网络安全体系结构；③网络安全设计；④网络安全标准的制定、评测及认证；⑤网络安全设备；⑥安全管理、安全审计；⑦网络犯罪侦查；⑧网络安全理论与政策；⑨网络安全教育；⑩网络安全法律。

（一）安全控制

安全控制是指在微机操作系统和网络通信设备上，对存储和传输的信息进行控制与管理，主要是在信息处理层次上对信息进行初步的安全保护，分为操作系统的安全控制和网络互联设备的安全控制。

（二）安全服务

安全服务是指在应用程序中对信息的秘密性、完整性和来源真实性进行保护和鉴别，满足用户的安全需求，抵御各种安全威胁和攻击手段。这是对现有操作系统和通信网络的安全漏洞问题的弥补和完善。

安全服务主要包括安全机制、安全连接、安全协议和安全策略等内容。

信息安全系统的设计和实现分为安全体制、网络安全连接和网络安全传输三部分。

四、实现网络安全的原则

在开放式的网络环境中，安全和不安全因素、可信和不可信用户同时存在。为了保护系统通信的安全，保护合法用户的利益和隐私，开放式的网络环境需要安全保护措施。同时，为了保证系统的兼容性，减少安全保护的开销，方便用户使用和系统管理，实现安全保护要遵循以下几个原则：

（1）应用中在靠近用户的位置设置安全保护措施。为保护用户的合法权益，最好在与用户直接打交道的接口处实施安全保护，不要信赖端系统或通信线路等外部环境的安全保护措施。

（2）尽量减少可信的第三方数量。信任关系越少，就越能减少不安全因素，保证通信的安全性。

（3）将具体的安全策略分开实行，使安全管理方便、简捷、有通用性，使实现安全的具体方法具有灵活性、多样性和独立性。

（4）安全策略的实现是一个整体概念，不能只在网络协议的某一层或几层增加安全保护措施，而应从所有的协议层来整体考虑如何增加安全保护，使各层之间保持一致，减少重复，提高安全实现的效率，减少安全漏洞。

（5）尽可能保持原有网络协议的特点和系统的通用性，不因新增加的安全措施违背开放式网络原则。

（6）采用统一的内部结构和外部管理接口来实现必要的安全措施。减少用户的干预，使用户和上层的应用程序感觉不到所增加的安全措施的影响。

第二节　安全管理

为保证网络安全、可靠地运行，必须有网络管理。网络管理的主要任务是对网络资源、网络性能和密钥进行管理，对访问进行控制，对网络进行监视，负责审计日志和数据备份。

一、人员管理

提高网络应用系统的安全性的方向是增加技术因素，减少人为因素。但是人为因素不可能完全消除，因此对人员的管理也是一个非常重要的环节。应当结合机房、硬件、软件、数据和网络各个方面的安全问题，对工作人员进行安全教育，提高工作人员的保密观念；加强业务、技术的培训，提高操作技能；教育工作人员严格遵守操作规程和各项保密规定，防止人为安全事故的发生。

二、密钥管理

密钥管理是网络安全的关键。目前公认有效的方法是通过密钥分配中心KDC（Key Distributed Center）来管理和分配密钥。所有用户的公开密钥都由KDC来保存和管理。每个用户只保存自己的私有密钥 SK 和 KDC 的公开密钥PKKDC。当用户需要与其他用户联系时，可以通过 KDC 来获得其他用户的公开密钥。

三、审计日志

网络操作系统及网络数据库系统都应具有审计功能。产生的审计日志主要由网络管理人员来检查，从而及时掌握网络性能及网络资源的运行情况，及时发现错误，纠正错误，对网络进行进一步完善。

四、数据备份

数据备份是增加系统可靠性的重要环节。由网络管理人员定期对信息进行备份，当系统瘫痪时，将损失降低到最小；当系统修复时，及时恢复数据。

五、防病毒

防病毒是计算机安全的一项重要内容。防病毒的第一步是加强防病毒观念，因此必须提高每一位工作人员的防病毒意识，减少病毒侵入的机会；同时利用杀毒软件及时消灭病毒，防止病毒入侵和系统崩溃。

如何保证网络应用系统的安全是复杂的问题。我们必须认识到没有绝对安全的网络这一事实，任何一种网络安全技术也不能完全解决网络安全问题，因此我们只能综合采用各种安全技术来减少安全风险。同时还要考虑一些非技术因素，如制定法规、提高网络管理人员及用户的安全意识，设置一些切实可行的防范措施。

第三章 计算机系统安全

本章从提高计算机系统自身安全的角度出发，讨论了使用环境、硬件设备、软件系统和容错技术对计算机安全的影响。重点分析了操作系统和数据库系统的安全性。

操作系统负责对计算机系统的各种资源、操作、运算和计算机用户进行管理与控制，它是计算机系统安全功能的执行者和管理者。操作系统的安全机制需要解决内存保护、文件保护、对资源的访问控制、I/O 设备的安全管理以及用户认证等问题。

本章在介绍数据库安全措施时，讨论了提高数据库管理系统可靠性与完整性的措施，重点研究了数据库中敏感数据的保护问题，最后介绍了目前比较流行的几种分布式数据库中采用的访问控制技术。

第一节 硬件与环境的安全威胁

随着计算机的广泛应用，其安全性成为一个十分突出的问题。许多应用场合要求计算机能长期安全、可靠地运行，特别是在航空航天、国防军事、金融财政等领域，机器一旦发生故障会造成巨大的经济损失，甚至导致灾难的发生。

产生计算机安全问题的内部根源是计算机系统自身的脆弱和不足。计算机系统是个复杂、庞大的系统，由于受到技术的限制，计算机研制的每个环节、每个步骤、每种方法、每种设施都可能存在着这样或那样的不足，只能随着技术的不断提高而逐步完善。计算机本身的脆弱性和社会对计算机应用的依赖性，这一对矛盾将促进计算机事业的不断发展和进步。

一、计算机系统的脆弱性

计算机系统的自身脆弱性主要表现在如下方面：

（1）电子技术基础薄弱，抵抗外部环境影响的能力还比较差。

（2）数据聚集性与系统安全性密切相关。当数据以分散的小块出现时其价值往往不大，但当特大量信息聚集时，则显出它的重要性。

（3）电磁泄漏、剩磁效应的不可避免。

（4）通信网络的弱点。连接计算机系统的通信网络在许多方面存在薄弱环节，通过未受保护的外部环境和线路谁都可以访问系统内部资源，搭线窃听、远程监控、攻击破坏都是可能发生的。

（5）从根本上讲，数据的安全性和资源的共享性之间是有矛盾的。计算机系统自身的脆弱性可能使系统资源受到损失和破坏，而了解计算机系统的脆弱性有助于采取有效的措施保障系统安全。

二、计算机的可靠性研究

计算机的可靠性这一术语是 IBM 公司在推出 IBM-370 系统时提出的，是可靠性、可维护性、可用性三者的综合，通常称为 RAS 技术。RAS 技术是研究如何提高计算机可靠性的一门综合技术，其研究方向有两个：一是纠错技术，重点是故障诊断技术；二是容错技术。

（一）可靠性

计算机的可靠性是指计算机在规定的条件下和规定的时间内完成规定功能的概率。规定的条件包括环境条件、使用条件、维护条件和操作技术。环境条件是指计算机的工作环境，如实验室、机房或野外条件；使用条件是指计算机的工作温度、湿度、空气洁净度以及电源电压、电流的干扰情况条件，此外还包括存储、运输和使用技术水平等。

（二）可维护性

当计算机因故障而失效时，必须维修才能恢复其正常功能。所以，可维护性是衡量计算机可靠性的一个重要指标。

（三）可用性

可用性是指计算机的各种功能满足要求的程度，即计算机系统在任何时刻能正常工作的概率。可用性也是衡量计算机可靠性的一个重要指标。

第二节　提高计算机自身安全的一般措施

计算机安全指计算机系统被保护，不因恶意和偶然的原因而遭受破坏、更改和泄露，确保计算机系统得以连续运行。计算机系统安全技术涉及的内容很多，尤其是在网络技术高速发展的今天。从使用出发，大体包括以下方面：使用环境安全、硬件设备安全、软件系统安全、容错技术。

一、使用环境安全

（一）温度与湿度

各种计算机设备和信息记录介质对环境条件范围有要求，违反规定会使可靠性降低、寿命缩短。例如，温度过高会使集成电路和元器件产生的热量散发不出去从而加快材料的老化，并在内部引起暂时或永久的微观变化。一般情况下，机房的温度控制在 10～25℃，相对湿度在 40%~60% 为宜。

（二）清洁度与采光照明

灰尘对触点的接触阻抗有影响，会使键盘输入不正常，还容易损害磁盘、磁带的磁记录表面，造成数据的丢失。灰尘过多还会使打印机的打印头不能正常工作。在室内环境中，可通过除尘手段达到空气洁净的目的。

只有足够的照度，才能减少视觉疲劳，保证操作的准确性，提高工作效率。机房内距离地板 0.8 米处的照度应保持在 200~500Lx（勒克斯），室内净高度 3 米以上，墙壁淡色无粉尘，平均每平方米采用 20W 日光灯。一般要求光源的光线均匀、稳定、光色好，不产生闪烁、阴影。

（三）防静电、电磁干扰及噪声

静电干扰是计算机操作人员和维修人员应该注意的一个问题。安装时必须将计算机外壳及其他设备的金属外壳与建筑物的地线或自行铺设的地线保持良好的接触。

机房的位置应远离强电磁场、超声波等辐射源，以避免干扰计算机的正常运行。机房内无线电干扰场强度在频率为 0.15~500MHz 时应小于 26dB；而磁场干扰环境场强度应小于 800A/m。

机房噪声控制主要指降低声源噪声。根据有关规定，机房噪声标准一般情况下应控制在 64dB 以内。

（四）防火、防水及防震

国外的有关调查显示，52%的计算机机房事故是由火灾造成的，因此，机房防火非常重要。机房内严禁堆放易燃易爆的物品，并配备必要的消防器材，同时还需制定必要的防火措施。

为了防止潮湿，机房要采取措施避免由于下雨或水管破损造成漏水现象。为确保硬盘、软盘、打印机设备能正常工作，在确定机房位置时应考虑远离振动源。另外，选用工作台时也应考虑防震。硬盘损坏常与工作台有关，工作台配有抽屉及工具柜，虽然方便了用户，但是却增加了振动率。许多硬盘的损坏与开关抽屉或碰撞工作台引起的振动有关，因此必须选用稳定、可靠的工作台。

（五）接地系统

计算机系统，尤其是主机，还应妥善接地。接地有 3 个优点：

（1）可以降低由电源和计算机设备产生的噪音。

（2）在出现闪电或瞬间高压时，为故障电流提供回路，消除设备的所有高阻抗接地，从而避免火灾的发生。

（3）发生电弧和电击时保障工作人员的人身安全，确保计算机系统设备的抗干扰能力和稳定运行。

地线连接应注意两点：

（1）交流地与直流地不能短接或混接，否则会造成严重干扰。

（2）安全地系统需要与交流、直流地系统分开，单独与大地相接。

二、硬件设备安全

计算机硬件设备安全主要是指保证计算机设备和通讯线路及设施、建筑物、构筑物的安全，预防地震、水灾、火灾、飓风、雷击等灾害，满足设备正常运行的环境要求。

由于计算机一般需要为客户提供高密度、重负荷的服务，势必对机器的硬件造成极大的负担，一台性能稳定的机器远胜过一台高性能但是不稳定的机器。网络设备的选择，如网卡、路由器也应当根据需求选择，如果这些设备的质量不过关，或者无法满足需求，网络的稳定运行就没有保障。

计算机硬件设备安全包括：电源供电系统，为维护系统正常工作而采取的监测、报警和维护技术及相应高可靠性、高技术性、高安全性的产品，为防止电磁辐射、泄露的高屏蔽、低辐射设备，为保证系统安全可靠运行的设备备份。

三、软件系统安全

软件系统安全是指为保证所有计算机程序和文档资料免遭破坏、非法拷贝和非法使用而采取的技术和方法，包括操作系统、数据库系统和所有应用软件的安全，同时还包括口令控制、鉴别技术、软件加密、压缩技术、软件防拷贝与防跟踪技术。软件安全技术还包括掌握高安全产品的质量标准，选用系统软件和标准工具软件、软件包，对于自己开发使用的软件建立严格的开发、控制、质量保障机制，保证软件满足安全保密技术标准要求，确保系统安全运行。

操作系统是计算机和网络中的工作平台。在选用操作系统时，应选用软件工具齐全、丰富、缩放性强的工具。如果有很多版本可选择，应选用户群最少的版本，这样使入侵者用各种方法（如 UNIX 中采用预编译的方法来攻击计算机）攻击计算机的可能性减少。另外，操作系统还要有较高访问控制和系统设计等安全功能。

四、容错技术

尽量使计算机具有较强的容错能力。例如，采用组件全冗余、单点硬件失效、动态系统域、动态重组、错误校正互连技术，通过错误校正码和奇偶校验相结合的方式来保护数据和地址总线。也可以采取在线增减域或更换系统组件等技术，创建或删除系统域而不干扰系统应用的进行。还可以采取双机备份同步校验方式，保证网络系统在一个系统由于意外而崩溃时，计算机进行自动切换以确保正常运转，保证各项数据信息的完整性和一致性。

第三节 操作系统安全

操作系统是计算机系统安全功能的执行者和管理者，负责对计算机系统的各种资源、操作、运算和用户进行管理与控制。操作系统的安全机制需要解决内存保护、文件保护、对资源的访问控制、I/O 设备的安全管理以及用户认证等问题。

计算机系统资源按操作系统的观点可以分为处理器、存储器、I/O 设备和文件（程序或信息）4 大类。威胁系统资源安全的因素除设备部件故障外，还有以下几种：

（1）用户的误操作造成对资源的意外处理，如无意中删除了不想删除的文件。

（2）黑客设法获取非授权的资源访问权。

（3）计算机病毒对系统资源或系统正常运行状态的破坏。

（4）多用户操作系统中各用户程序执行过程中相互的不良影响。

一、系统安全措施

计算机操作系统的安全措施主要是隔离控制和访问控制。隔离控制的方法有 4 种：

（1）物理隔离。在物理设备或部件一级进行隔离，使不同的用户程序使用不同的物理对象。

（2）逻辑隔离。操作系统限定各个进程的运行区域，多个用户进程可以同时运行，但不允许访问未被允许访问的区域。

（3）时间隔离。对不同安全要求的用户进程分配不同的运行时间段。

（4）加密隔离。进程把自己的数据和计算活动以密码形式隐藏起来，使它们对于其他进程不可见。

二、系统安全级别

一个功能较强的操作系统应该能够对不同的目标、不同的用户和不同的情况提供不同安全级别的保护功能。操作系统提供以下几种不同安全级别的保护：

（1）无保护方式。当处理高密级的数据时，程序在单独的时间内运行，这时可使用无保护的系统。

（2）隔离保护方式。每个进程都有自己的内存空间、文件和其他资源，可以使并行运行的进程彼此感觉不到对方的存在。

（3）共享或独占保护方式。用户自己说明用户资源是否可以共享，其他用户都可以访问共享的目标，而私有目标则只能被该用户自己独占使用。

（4）受限共享保护方式。操作系统检查每次对特定目标的访问是否被允许，得到允许方可进行访问。

（5）按能力共享保护方式。用户被赋予访问目标的某种能力，它代表了一种访问权利。

（6）目标的限制使用。这种保护方式不限制对目标的访问，而是限制访问后对目标的操作行为，例如允许读但不允许修改等限制。

上述 6 种保护方式的实现难度是逐步递增的，它们对目标的保护能力也是越来越强的。

保护的实现要依赖访问控制。访问控制就是对访问者（主体）的行为进行管理与监控，使它们的访问对象（客体）的活动限于权限之内，如有必要还应该对主体的活动进行审计。访问控制需要解决对访问者的识别与控制，以及被访问对象的存取控制与管理等问题。

三、保护原则和机制

在操作系统中，为了提高被访问目标的安全性，要求遵循以下原则：

（1）每次访问检查原则。当某主体访问一个目标时，不能因为前面已经对该主体进行过审核便不再对其审核，必须坚持审核它对目标的每一次访问，从而防止其他主体冒充该主体对该目标的访问。此外，还应检查访问操作是否适当，防止有意无意的破坏。

（2）最小特权原则。授予主体访问权限时，只给它访问该目标所需的最小权限。另外，尽量减少主体接触目标的次数。

对于各种目标的保护机制有目录式保护、访问控制表、访问控制矩阵、能力机制和面向过程的访问控制等几种。

（一）访问目录表

操作系统把用户分为系统管理员、文件主和一般用户。系统管理员具有最高的权限，可以为用户分配或撤销文件的访问权；文件主是文件的拥有者，有权把自己文件的访问权分配给其他用户或从其收回。由于每个用户都可能要访问多个文件，而且访问权限也不一样，因此，为了便于管理，通常为每个用户建立一张访问目录表，其中存放着有权访问的文件名及其访问权限。

（二）访问控制表

访问目录表位于访问者一端，而访问控制表 ACL 则位于目标一端。每个目标都有一张 ACL，它说明了访问该目标的主体及其访问权限。对某个共享目标，操作系统只需要维护一张 ACL 即可。对于大多数用户拥有的访问权限，ACL 采用默认的方式表示，只存放各用户的特殊访问要求。

（三）访问控制矩阵

访问目录表和访问控制表，将访问控制设施分别设置在用户端和目标端，它们需要管理的表项总数是相同的，区别在于管理共享目标的方法，访问控制表技术易于实现对共享目标的管理。

访问控制矩阵则是将访问控制设施设置在访问者和目标"中间"，建立一个独立的访问控制矩阵，矩阵的"行"代表主体，矩阵的"列"代表目标，每个矩阵元素说明了对应主体对相应目标的访问权限。由于每个主体访问的目标有限，这种矩阵是稀疏的，空间浪费较大，因而在操作系统中使用得并不多。

（四）能力机制

主体具有的能力是一种权力证明，是操作系统赋予主体访问目标的许可权限，也是一种不可伪造的标记，用户凭借该标记对目标进行许可的访问。

能力可以实现复杂的访问控制机制。能力存在传递问题，一个具有转移能力的主体可以把这个权限传递给其他主体，其他主体也可以再传递给第三者。具有转移能力的主体把转移权限从能力表中删除，进而限制这种能力的进一步传播。当主体一旦收回某目标的访问能力后，该能力所管辖的对目标的访问权限也就终止。如何对传递出去的能力收回或删除不再使用的能力是一个比较复杂的问题。可以在能力表中建立指针指向传递出去的能力，便于操作系统对这些能力的跟踪、回收或删除。

（五）面向过程的访问控制

面向过程的访问控制是指在主体访问目标的过程中对主体的访问操作行为进行监视与限制。要实现面向过程的访问控制，就建立一个对目标访问进行控制的过程，该过程能够自行认证。访问控制过程实际上是为被保护的目标建立一个保护层，它对外提供一个可信赖的接口，所有对目标的访问必须通过这个接口才能完成。例如，操作系统中用户的账户信息是系统安全的核心文档，该目标既不允许用户访问，也不允许一般的操作系统进程访问，只允许对用户账户表进行增加、删除与核查。

访问目录表、访问控制表、访问控制矩阵、能力机制和面向过程的控制等 5 种访问控制机制的实现复杂性是逐步递增的。复杂的保护方式提高了系统的安全性，但降低了系统响应速度。所以，使用时要综合考虑安全与效率的关系。

第四章　密码技术

第一节　对称密码体制

所谓对称密码体制是指加/解密用同一把密钥，也称为单一密钥密码系统。对称密钥算法历史悠久，从最早的凯撒密码到目前使用最多的 DES 密码算法等都属于此类密码系统。

一、传统加密技术

计算机出现之前，密码学由基于字符的密码算法构成，不同的密码算法之间互相替代或相互置换。计算机出现之后，密码学法变得复杂起来，但基本原理没有变化，仍然是以替代和置换作为加密技术的基本构造块。其重要的变化是算法只对位而非字母进行变换，也就是说字母表长度从 26 个字母变为 2 个字母。

（一）替代密码

替代密码是把明文中的每一个字符替换为密文中的字符，接收者对密文进行逆替换即可恢复出明文。传统密码学有 3 种类型的替代密码：单表替代密码、多表替代密码和多字母替代密码。

所谓单表替代密码，是明文的每一个字符用相应的密文字符代替。最早的密码系统"凯撒密码"是一种单表替代密码，也是一种移位替代密码。凯撒密码是把英文的 26 个字母分别向前移 3 位，其替代表为：

明文：a b c d e f g h i j k l m n o p q r s t u v w x y z

密文：D E F G H I J K L M N O P Q R S T U V W X Y Z A B C

例如，明文为：

Information technology

则密文为：

LQIRUPDWLRQ WHFKQRORJB

显然，移位替代密码系统是不安全的，非常容易攻破。这是因为：①简单的单表替代没有掩盖明文字母的自然频度；②移位替代的密钥空间有限，只有 25 个密钥，很容易被暴力攻击法破解。

多表替代密码是一种以一系列的（两个以上）替代表，依次对明文消息的字母进行替代的加密方法。多字母替代密码是一种每次对多于一个的字母进行替代的加密方法，优点是对字母的自然频度隐藏或均匀化，从而有利于抗统计分析。

（二）置换密码

置换密码指保持明文和密文相同的字母，但打乱其顺序。如，纵行置换密码的方法是：加密时以固定的宽度将明文水平地写在一张纸上，然后按垂直方向读出密文；解密时按相同的宽度将密文垂直地写在一张纸上，然后按水平方向读出明文。

二、分组密码与数据加密标准

对称密码算法有两种类型：分组密码和流密码。

分组密码的工作方式是：将明文消息划分成固定长度的分组，一次处理一块输入，每个输入生成一个输出块。分组密码的工作原理如图 4.1 所示。

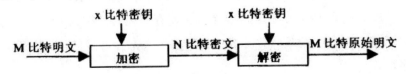

图 4.1　分组密码的工作原理

数据加密标准 DES 是一个分组加密算法，成为世界标准已有 40 多年。1973

年，美国国家标准局（NBS）认识到需要尽快建立数据保护标准，因此开始征集联邦数据加密标准的方案。1975 年 3 月 17 日，NBS 公布了 IBM 公司提供的密码算法，以标准建议的形式向全国征求意见。经过两年多的公开讨论，1977 年 7 月 15 日，NBS 宣布接受这个建议，作为联邦信息处理标准 46 号，数据加密标准 DES 正式颁布。DES 以 64 位为分组对数据加密，64 位一组的明文从算法的一端输入，64 位的密文从另一端输出。密钥的长度为 56 位。DES 是一个对称算法：加密和解密用的是同一算法。DES 算法只使用了标准的算术和逻辑运算，是加密的两个基本技术——混乱和扩散的组合。

三、序列密码与 A5 算法

序列密码又称流密码，它的工作方式是：将明文划分成字符或其编码的基本单元，然后将其与密钥流作用以加密，解密时以同步产生的相同密钥流作用实现解密。序列密码的加密强度取决于密钥流生成器所产生的序列的随机性和不可预测性，所以序列密码的关键技术是密钥流生成器的设计和保持收发两端密钥流的精确同步等方面。序列密码的原理框图如图 4.2 所示。

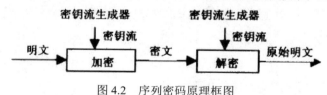

图 4.2　序列密码原理框图

A5 算法是欧洲 GSM 标准中规定的一种序列加密算法，用于数字蜂窝移动电话从用户设备到基站之间的链路加密，主要包括 A5/1 和 A5/2。

A5/1 算法主要由 3 个长度不同的线性反馈移位寄存器 R1、R2 和 R3 组成，寄存器长度分别为 19、22 和 23。3 个移位寄存器在时钟控制下进行左移，每次左移后将寄存器中的某些位异或后的结果填入寄存器最低位。各寄存器的反馈多项式为：

R1：$X_{18}+X_{17}+X_{16}+X_{13}$

R2：$X_{21}+X_{20}$

R3：$X_{22}+X_{21}+X_{20}+X_7$

A5 算法的输入是 64 位的会话密钥 K_c 和 22 位的随机数。移位操作遵循"多数为主"的原则，即从每个寄存器取出一位，当这三个位中有两个或两个以上的值等于 1 时，则将取出位为 1 的寄存器进行移位，而取出位为 0 的不移位；当三个取出位中有两个或两个以上的 0 时，将取出位为 0 的寄存器进行移位，为 1 的不移位。最后，将三个移位寄存器最高位的异或运算结果作为输出。

四、对称密码体制的安全性

对称密码系统的安全性依赖于以下两个因素：

（1）加密算法必须足够强，使得仅仅基于密文本身去解密信息在实践上不可能。

（2）加密方法的安全性依赖于密钥的秘密性，而不是算法的秘密性。

因此，没有必要确保对称密码算法的秘密性，而需要保证密钥的秘密性。因为算法不需要保密，所以制造商开发出低成本的芯片以实现数据加密，适合于大规模生产。此外，对称加密系统的算法实现速度极快，软件实现的速度达到了每秒数兆或数十兆比特。这些特点使对称密码体制的应用非常广泛。

对称加密系统最大的问题是密钥的分发和管理复杂、费用高昂。例如，对于具有 n 个用户的网络，需要 n（n-1）/2 个密钥。在用户群不大的情况下，对称加密系统是有效的。但是对于大型网络，当用户群大、分布广时，密钥的分配和保存就成了大问题。对称加密算法另一个缺点是不能实现数字签名。

第二节 非对称密码体制

1976 年，美国学者 Diffie 和 Hellman 发表了著名论文《密码学的新方向》，提出了建立"公开密钥密码体制"的新概念。公钥密码体制采用加密密钥和解密密钥，一个密钥可以公开，称为公钥，另一个密钥是用户专用的，称为私钥。

公钥密码系统可用于以下 3 个方面：

（1）通信保密。此时将公钥作为加密密钥，私钥作为解密密钥，通信双方不需要交换密钥就能够实现保密通信。这时，通过公钥或密文分析出明文或私钥是不可行的。

（2）数字签名。将私钥作为加密密钥，公钥作为解密密钥，实现由一个用户对数据加密而使多个用户解读。

（3）密钥交换。通信双方交换会话密钥，从而加密通信双方后续连接所传输的信息。每次逻辑连接使用一把新的会话密钥，用完就丢弃。

一、公钥密码体制的基本原理

随着数学和计算机科学的发展，计算数学中出现了一个新理论——计算复杂性理论，它主要研究计算一个数学问题需付出的代价和问题的可解性，该理论已成为密码技术，尤其是非对称密钥密码技术的理论基础。

从计算复杂性理论的角度看，一种密码的破译可归结为求解某个典型的数学问题，要衡量一个密码算法的保密强度如何，对这个密码进行彻底分析，然后设计出一个能在计算机上破译密码的计算方案，根据实际破译需要耗费的代价来评价密码算法的保密强度。

求解一个问题的算法需要花费的时间和空间代价，与所给定问题的规模有关。当给定一个特定的求解问题的算法后，执行算法所需的时间也随之确

定。设问题的输入为 n，求解问题所需的时间为函数 $f(n)$，如果存在一个常数 C，对于所有的 n，均有：$f(n) \leqslant C|g(n)|$。

用 P 问题表示所有用多项式时间解决的问题。对于一个问题的任何实例，对给出的任意一个猜测，在多项式时间内判定猜测是否正确，这一类问题称为 NP 问题。显然，P 问题是 NP 问题的子集。但是，反过来说，凡是能在多项式时间内判定解的正确性的问题，是否一定存在着多项式时间的求解算法，即是否"$P=NP$？"，这一问题至今在理论上还未解决。

如果证明 $P=NP$，那么现有的所有密码算法（一次一密除外）都存在多项式时间内的破译算法；如果 P 是 NP 的真子集，只要选取一个属于 NP 但不属于 P 的问题作为加密算法，就可以从理论上证明其保密强度已经达到了实际不可破译的程度。

NP 问题中特殊的子集是 NP 完全问题。NP 中的任何问题可以通过多项式时间转换为一个 NP 完全问题。NP 完全问题是所有 NP 问题中最难的问题，密码问题达到 NP 完全问题的水平是最基本要求。非对称密钥密码体制建立在已知的 NP 完全问题之上。

自公钥加密问世以来，学者们提出了许多种公钥加密方法，它们的安全性基于复杂的数学难题。根据所基于的数学难题来分类，有 3 类系统被认为是安全和有效的：大整数因子分解系统、椭圆曲线离散对数系统和离散对数系统。

二、RSA 算法

美国学者 Diffie 和 Hellman 提出公钥密码体制时，他们自己并没有实现这种体制的具体算法，然而这种新思想吸引了许多学者去探索。1978 年，美国麻省理工学院的罗纳德·李维斯特（Ronald L Rivest）、阿迪·夏米尔（Adi Shamir）、兰纳·艾德曼（Leonard Adleman）提出了一种基于公开密钥密码体制的 RSA 算法。该算法的保密强度经受住了二十年来各种攻击的考验，而且原理简单，易于使用，所以逐渐成为一种广为接受的公钥密码体制算法，被人们称为密码学发展史上的里程碑。

RSA 算法是一种分组密码体制，是第一个既能用于数据加密也能用于数字签名的算法。它的保密强度是建立在具有大素数因子的合数，其因子分解是 NP（Nondeterministic Polynomial）问题这一数学难题的基础上的，因此 RSA 算法具有很强的保密性。据猜测，从一个密钥和密文推断出明文的难度等同于分解两个大素数的积。

三、ECC 算法

DSA（Data Signature Algorithm）是基于离散对数问题的数字签名标准，它仅提供数字签名，不提供数据加密功能。安全性更高、算法实现性能更好的椭圆曲线加密算法 ECC（Elliptic Curve Cryptography）基于离散对数的计算困难性。

椭圆曲线加密方法与 RSA 方法相比，有以下优点：

（1）安全性能更高。加密算法的安全性能一般通过该算法的抗攻击强度来反映。ECC 和其他公钥系统相比，其抗攻击性具有绝对的优势。如 160 位 ECC 与 1 024 位 RSA、DSA 有相同的安全强度，而 210 位 ECC 则与 2 048 bit RSA、DSA 具有相同的安全强度。

（2）计算量小，处理速度快。虽然在 RSA 中可以选取较小的公钥（可以小到 3）的方法提高公钥处理速度，即提高加密和签名验证的速度，使其在加密和签名验证速度上与 ECC 有可比性，但在私钥的处理速度上（解密和签名），ECC 远比 RSA、DSA 快得多。因此，ECC 总的速度比 RSA、DSA 要快得多。

（3）占用储存空间小。ECC 的密钥尺寸和系统参数与 RSA、DSA 相比小，这意味着它所占的储存空间更小。这对于加密算法在 IC 卡上的应用具有特别重要的意义。

（4）带宽要求低。当对长消息进行加密时，ECC 与 RSA、DSA 三类密码系统有相同的宽带要求，但应用于短消息时 ECC 带宽要求却低得多。而公钥加密系统多用于短消息，例如用于数字签名和对称加密系统会话密钥的传递。带宽要求低使 ECC 在无线网络领域具有广泛的应用前景。

ECC 的特点使它取代 RSA，成为通用的加密算法。如 SET 协议的制定者把它作为下一代 SET 协议中默认的公钥秘密算法。

四、Diffie-Hellman 算法

Diffie-Hellman 算法是第一个公开密钥算法，可用于密钥分配，但不能用于加密或解密信息，其安全性基于在有限域上计算离散对数困难。

Diffie-Hellman 密钥交换协议使得两个陌生的实体建立一个共享对称密钥。协议过程如下：

Alice 和 Bob 选取两个公开的大素数 n 和 g，（n-1）/2 和（g-1）/2 也都是大素数。Alice 选取一个大数 x，x 不公开，并将 n、g、$g^x \bmod n$ 发送给 Bob；

Bob 选取一个大数 y，y 不公开，并将 $g^y \bmod n$ 返回给 Alice；

Alice 计算 $(g^y \bmod n)^x = g^{xy} \bmod n$，Bob 计算 $(g^x \bmod n)^y = g^{xy} \bmod n$，此时 Alice 和 Bob 建立共享对称密钥 $g^{xy} \bmod n$。

Diffie-Hellman 密钥交换协议示意图如图 4.3 所示。

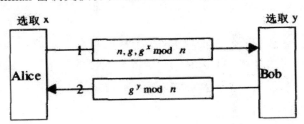

图 4.3　Diffie-Hellman 密钥交换

Trudy 可以截获 n、g、$g^x \bmod n$ 和 $g^y \bmod n$，但 Trudy 无法仅根据 $g^x \bmod n$ 计算出 x，也无法根据 $g^y \bmod n$ 计算出 y，因此 Trudy 无法获得共享对称密钥 $g^{xy} \bmod n$。

但是 Diffie-Hellman 密钥交换协议却受到一种被称为"中间人"攻击的威胁。下面分析中间人攻击过程：

当 Alice 向 Bob 发送 n、g、$g^x \bmod n$，Trudy 截取该信息，选取大数 z，将 n、g、$g^z \bmod n$ 作为替换发送 Bob；

Bob 返回 $g^y \bmod n$，Trudy 截取 $g^y \bmod n$，将 $g^z \bmod n$ 作为替换返回给 Alice；

Alice 计算 $(g^z \bmod n)^x = 8g^{xz} \bmod n$，Bob 计算 $(g^z \bmod n)^y = g^{yz} \bmod n$，Trudy 计算 $(g^x \bmod n)^z = g^{xz} \bmod n$，$(g^y \bmod n)^z = g^{yz} \bmod n$，因此 Trudy 分别与 Alice 和 Bob 建立共享对称密钥，此后 Trudy 就可截取并替换 Alice 和 Bob 的通信，而 Alice 和 Bob 并不知道受到攻击。攻击示意图如图 4.4 所示。

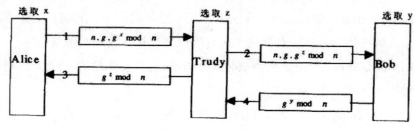

图 4.4　中间人攻击

第三节　散列算法

为了保证数据的完整性，使用散列函数创建摘要。散列函数又称哈希函数，是将任意长度的消息 M 映射成一个固定长度的、杂乱无章的散列值 h 的函数：h=H（M）。其中，h 的长度为 m。

散列函数具有以下特点：

（1）无冲突性。在计算上不可能发现两则不同的消息通过散列算法得到同样的散列值。

（2）单向性。给定一则消息的散列值，计算上不可能发现任何具有同样散列值的消息。

散列函数要具有单向性，则必须满足如下特性：

（1）给定 M，很容易计算 h；

（2）给定 h，根据 H（M），h 反推 M 很难；

（3）给定 M，要找到另一消息 M'，并满足 H（M）＝H（M'）很难。

与密码算法不同的是，散列函数无法逆向应用，并且不带密钥。散列函数的安全性在于，虽然函数不能保证不同的输入信息一定产生不同的分解值，但是两个不同的信息分解成相同的输出值的可能性极小，单向散列函数是建立在压缩函数之上。

和密码算法一样，无法证明散列函数能防止除强行破译外的所有破译方法。对于强行破译散列函数，假设分解值的长度为 n，那么找到两条能分解为相同值的信息，需要尝试 $2^{n/2}$ 个随机的分解值。可以看到，强行破译散列函数也是一个指数级难题，给散列函数提供了实际的安全保证。单向散列函数除了用于保证数据的完整性外，还经常用于消息认证和数字签名。

一、认证协议

认证即证明、确认个体的身份。为了在开放网络上实现远程的网络用户身份认证，ITU 于 1988 年制定了认证体系标准，即"开放系统互连——目录服务：认证体系 X.509"，1993 年对初稿进行了修订，1995 年发布了第三版。

X.509 作为规范目录业务的 X.500 系列的一个组成部分，定义了 X.500 目录向用户提供认证业务的一个框架和基于公钥证书的认证协议。由于 X.509 中定义的证书结构和认证协议广泛应用于 S/MIME、IPSec、sSSL/TLS 以及 SET 等诸多应用协议，因此 X.509 已成为一个重要的标准。

X.509 的基础是公钥密码体制和数字签名，但其中并未特别指明使用哪种密码体制（建议使用 RSA），也未特别指明数字签名中使用哪种哈希函数。

X.509 中，对于认证推出了"简单认证"及"强认证"两种不同安全度的认证等级，并描述了公开密钥证书格式、证书管理、证书路径处理、目录数据树结构和密钥产生内容。还提到了如何将认证中心之间交叉认证的证书储存于目录中，以减少证书验证时，必须从目录服务中获得的证书信息量。

X.509 主要内容包括简单认证（Simple Authentication）程序、强认证（Strong Authentication）程序、密钥及证书管理以及证书扩充及证书吊销列表扩充（Certificate and CRL Extensions）。

二、数列函数

（一）MD4 算法

MD4 是 Ron Rivest 设计的单向散列函数，MD 表示消息摘要，对输入消息，该算法产生 128 位散列值（或称消息摘要）。MD4 算法的设计目标包括一下 4 点：

（1）安全性。找到两个具有相同散列值的消息在计算上不可行，不存在比穷举攻击更有效的攻击。

（2）直接安全性。MD4 的安全性不基于任何假设，如因子分解的难度。

（3）速度。MD4 适用于高速软件实现，基于 32 位操作数的一些简单位操作。

（4）简单性和紧凑性。MD4 尽可能简单，无大的数据结构和复杂的程序。MD4 最适合微处理器结构，更大型、速度更快的计算机要作必要的转换。

（二）MD5 算法

MD5 是 MD4 的改进版，是一个典型的用于数字签名的散列函数，由 MIT 的 Ron Rivest 于 1991 年提出。MD5 算法细节是公开的，而且经过了众多的密码分析人员的分析，具有较高的安全性和实用性。PGP（Pretty Good Privacy）和 PEM（Privacy Enhanced Mail）都采用 MD5 作为数字签名的散列函数。

MD5 算法包括填充消息、附加长度、初纳化 MD 缓冲区、按 512 位的分组处理输入消息、输出 5 个步骤。

（三）安全散列函数（SHA）

SHA（Secure hash Algorithm）字面意思为安全的散列算法，由 NIST、NSA 一道设计，已被美国政府采纳为散列算法标准。SHA 对任意长度的信息产生 160 位的散列值，比 MD5 长。SHA 首先将消息填充为 512 位的整数倍，填充方法与 MD5 完全一样。5 个 32 位变量初始化为：

A= 0x67452301

B= 0xefcdab89

C= 0x98badcfe

D= 0x10325476

E= 0xc3d2elf0

然后开始算法的主循环，过程如下：先把这 5 个变量复制到另外的变量中，A 到 a，B 到 b，C 到 c，D 到 d，E 到 e。主循环有四轮，每轮 20 次操作。每次操作对 a、b、c、d 和 e 中的 3 个进行一次非线性运算，然后进行与 MD5 中类似的移位运算和加运算。

和前面提到的加密算法一样，散列算法也多种多样：Tiger 是由 Anderson 和 Biham 提出的散列算法；RIPEMD-160 设计的目的是替代 MD5，产生 160 位的分解值。对于各种的散列算法，其安全性经过分析后，才得到认可。

三、数字签名

计算机通信中，接收者需要验证一个消息在传输过程中有没有被篡改，有时还需要确认消息发送者的身份，所有这些都可以通过数字签名来实现。

数字签名是以电子方式存储签名消息，在数字文档上进行身份验证的技术。接收者和第三方能够验证文档来自签名者，并且文档签名后没有被修改，签名者也不能否认对文档的签名。

数字签名必须保障：①接收者能够核实发送者对文档的签名；②发送者事后不能否认对文档的签名；③不能伪造对文档的签名。

一个数字签名方案由两部分组成：签名算法和验证算法。其中，签名算法或签名密钥是秘密的，只有签名人知道，而验证算法是公开的。

数字签名的原理是将需要传送的明文通过一种函数运算（散列）转换成报文摘要（不同的明文对应不同的报文摘要），作为信息的"数字指纹"，报文摘要加密后与明文一起传送给接收方，接收方将接收的明文产生新的报文摘要与发送方发来报文摘要的解密结果比较，比较结果一致，表示明文未被改动，签名验证成功；如果不一致，则表示明文已被篡改。数字签名一般采用基于非对称密码体制的加密系统。

（一）DSA 签名算法

DSA 算法 1991 年 8 月由美国 NIST 公布，1994 年 12 月 1 日正式采纳为美国联邦信息处理标准。DSA 中包括的参数有：

（1）p 为 L 位长的素数，其中，L 为 512～1 024 之间且是 64 倍数的数。

（2）q 是 160 位长的素数，且为 p-1 的因子。

（3）g＝h（P-1）/q mod p，其中，h 是满足 1<h<p-1 且 h（p-1）/q mod p 大于 1 的整数。

（4）x 是随机产生的大于 0 而小于 q 的整数。

（5）y=gx mod p。

（6）k 是随机产生的大于 0 而小于 q 的整数。

（二）RSA 签名算法

RSA 公钥体制既可应用于加密，也可应用于签名，这是其加解密密钥的不对称性的应用。公钥签名系统是利用加密系统相反的思想来实现签名的。将公开密钥密码体制中的加密算法作为签名算法，密钥保密，而解密算法作为验证算法，密钥公开。

RSA 签名方案定义如下：

设 p，q 是两个大素数，n= pq，消息空间和签名空间为 P=A=Z，密钥空间为：K-{（n，P，q，a，b）|n= pq，ab ≡ 1 mod Φ（n）}，n、b 公开，p、q、a 保密，则对任意 $x \in P$，k＝（n，p，q，a，b）∈K，定义：

签名算法为：sig_k（x） ≡ x^a mod n;

验证算法为：ver_k（x，y）= true<->x ≡ y^b mod n;

如果 z 是伪造签名，则一般有：z ≠ x^a mod n

所以，验证时有 $z^b \neq (x^a)^b = x^{ab}$ mod n，从而 ver_k（x）= false。这样就达到了签名的要求。

如果我们既要对消息加密，又要对消息签名，RSA 方法也同样胜任。

信源选取签名密钥 k=（n，p，q，a，b），将 n、b 公开，b 作为验证密钥，p、q、a 保密，a 作为签名密钥。

　　信宿选取加密密钥 k'=（n'，p'，q'，a'，b'），将 n'、a'分开，a'作为加密密钥公开，而 p'、q'、b'保密，b'作为解密密钥。

　　设 n＜n'，消息 x＜n（如果 x≥n，则将 x 分成更短的比特串，使每一段都小于 n）。

　　首先，信源使用自己的签名密钥 a 对消息签名：$y \equiv x^a \bmod n$，其次再利用信宿的加密密钥 a'加密原消息和签名后的消息：$y \equiv (x, y)^{a'} \bmod n'$，（x，y）表示把比特串连接成更长的比特串【如果（x，y）≥n'，则将其分割成更短的组进行分组加密】，将这最后的消息 z 发送给信宿。信宿接收到消息后，用自己的解密密钥 b'解密消息：

$$z^{b'} \equiv [(x, y)^{a'}]^{b'} = (x, y)^{a'b'} \equiv (x, y) \bmod n'$$

　　然后，使用信源的验证密钥验证消息：

$$y^b \equiv (x^a)^b = (x)^{ab} \equiv x \bmod n$$

　　这样就完成了一次消息的签名。但是，这里有一点值得注意，我们发现签名、加密的顺序有先后，哪一种是可取的？

　　假设，先加密一个消息：$y = e_k(x)$，再签名这个消息：$z = sig_k(e_k(x))$，当然为了验证，必须向信宿发送消息（y，z），这时，窃密者可用自己的签名来代替原签名：$z' = sig_k(y)$，把伪造的签名消息（y，z'）发送给信宿，而信宿可以（只可以）用伪造者的验证算法来验证，结果他认为消息来自伪造者，这样伪造者达到了扰乱验证信息来源的目的。所以，先加密后签名的顺序是不可取的。

第四节　数字证书

一、证书的概念

数字证书是 Internet 上标识个人或机构身份的一种技术手段，是各类终端实体和用户在网上进行信息交流及商务活动的身份证明。数字证书由一些公认的权威机构认证，从而解决交易各方的信任问题。

数字证书包含用户身份信息、用户公钥信息以及证书发行机构对该证书的数字签名信息。证书发行机构的数字签名确保证书信息的真实性，用户公钥信息保证数字信息传输的完整性，用户的数字签名保证数字信息的不可抵赖性。

一个身份证书只证明一个实体的身份，该实体称为证书的主体。一个证书的用户是一个依赖于证书中的信息的实体。证书用户信任发行证书的授权机构所发行的真实的证书，即真正能证明证书主体的身份与公开密钥的合法性，或能真实描述一个主体的信息的证书。证书的发行者通常被称作证书授权机构（简称 CA）。

数字证书是所有 PKI 功能实现的基础。从最基本的定义来看，证书只是一个公开密钥值。更通用的讲，证书是由发行者签名的信息的组合。对于不同的 PKI 来说，证书中包含什么样的信息，不同 CA 之间、证书的使用者与证书的主体之间的关系形式，他们之间的信任关系等等都不一定相同。

二、证书格式

一份数字证书包括公钥、个人、服务器或其他机构的身份信息。证书权威机构可以定义这些字段中哪些是必需的，哪些是可选的。证书中的数据域包括：

（1）版本号：如果默认，则版本号为1；如果证书中需有发行者或主体的唯一识别符，则版本号为2；如果有一个或多个扩充项，则版本号为3。

（2）序列号：为一整数值，由同一 CA 发放的每个证书的序列号是唯一的。

（3）签名算法识别符：签署证书所用的算法及相应的参数。

（4）发行者名称：指建立和签署证书的 CA 名称。

（5）有效期：包括证书有效期的起始时间和终止时间。

（6）主体名称：指证书所属用户的名称，即这一证书用来证明私钥用户所对应的公开密钥。

（7）主体的公开密钥信息：包括主体的公开密钥、使用这一公开密钥的算法的标识符及相应的参数。

（8）发行者唯一识别符：这一数据项是可选的，当发行者（CA）名称被重新用于其他实体时，则用这一识别符来标识唯一的识别发行者。

（9）主体唯一识别符：这一数据项也是可选的，当主体的名称被重新用于其他实体时，则用这一识别符来唯一地识别主体。

（10）扩充域：其中包括一个或多个扩充的数据项，仅在第三版中使用。

（11）签名：CA 用自己的秘密密钥对上述域的哈希值进行数字签名的结果。

三、证书策略

（一）证书的获取

当用户提出证书申请时，CA 利用浏览器连接到安全服务器——RA 操作员，发送请求。用户提供能够标识自己的用户信息，然后 RA 操作员把这个请求通过安全连接传递给 RA 服务器。RA 服务器会处理这个申请，并准备提交给 CA 进行签名。接着 RA 服务器的管理人员把证书申请文件通过安全渠道送到 CA，CA 按照本管理章程对申请进行审核，如果许可则完成最后的证书签名以及制作。CA 再通过安全途径把证书递交给 RA 服务器。此时，RA 服务器把证书导入到 LDAP 目录服务器,可供他人查询。

CA 为用户产生的证书应有以下特性:

(1)其他任一用户得到 CA 的公开密钥,就能由此得到 CA 为该用户签署的公开密钥;

(2)除 CA 以外,任何其他人都不能以不被察觉的方式修改证书的内容。

因为证书是不可伪造的,因此无需对存放证书的目录施加特别的保护。

(二)证书的吊销

从证书的格式上看到,每一证书都有一个有效期,然而有些证书还未到截止日期就会被发放该证书的 CA 吊销,这可能是由于用户的秘密密钥已被泄露,或者该用户不再由该 CA 来认证,或者 CA 为该用户签署证书的秘密密钥已经泄露。

(三)验证证书

当持证人甲想与持证人乙通信时,他首先查找证书数据库并得到一个从甲到乙的证书路径和乙的公开密钥。有单向认证、双向认证和三向认证 3 种认证方式。

(四)证书链构造

CA 的层次结构可被映射为证书链,一条证书链是后续 CA 发行的证书序列。一条证书链对起始于层次分支,终止于层次顶部的证书路径进行跟踪。普通层次结构的 CA 规模适应性较好,但存在以下问题:在自顶向下的层次树中,所有的用户部必须使用顶层 CA 作为他们的根 CA。当进行证书路径查找和验证时,几乎所有的路径都要经过根 CA,一方面强迫 PKI 的用户都要信任根 CA,另一方面根 CA 管理证书的负荷会超过其可承受的范围。如果采用交叉路径来缩减证书路径的长度,又会破坏层次结构的优点,给证书路径的查找带来困难,同时使证书的验证具有二义性。

（五）证书链验证过程

证书链验证是确保给定的证书链是有效、可信的，签名是正确的，其验证过程如下：

（1）首先根据系统时钟对证书的有效期进行检查。

（2）发行者证书定位。这可能是本地证书库或者由主体提供的证书链。

（3）根据发行者证书的公钥验证证书签名。

（4）如果发行者证书可信，验证成功。否则，检查发行者证书以获得下一级 CA 指示，并以发行者证书作为新的验证对象，回到（1）继续验证。

四、证书认证系统

（一）X.509 证书系统

X.509 证书系统为 X.509 证书提供签名和鉴别服务。X.509 公共密钥证书是给公开密钥赋予多个属性的数据结构。它可以向别人证明自己就是拥有公开密钥的人。证书本身包括公开密钥、证书主体的姓名及与它有关的其他信息。所有信息都集中在一起并且经过签字。X.509 公共密钥证书一般用于 PEM 证书管理模式中。PEM 领域中其他所有人都可以检查证书的 CA 签字，以确信密钥确实属于证书拥有者。

通常 X.509 证书中的拥有者姓名是一个独一无二的字符串（DN：Distinguished Name）。它由一系列的属性、值对或对象标识符构成。X.509 证书可以和 Internet 上的域名目录结合起来，该域名目录的组织结构符合 X.500 目录服务规范。X.500 目录规范不仅为个人命名提供格式，也可以为特定的对象提供命名格式。X.500 命名采用树状结构。树的底部是其主要属性。

X.509 证书根据具体采用的证书管理模式的不同而略有区别，一般证书都具有版本分区、序列号分区、签名分区、发行者、主体、有效期、主体公开密钥信息分区等格式。

X.509 和 X.500 最初是为离线环境下的网络证书管理设计的，当时 Internet 的规模小，X.509 采用了 CRL。它的版本一和版本二使用简单的 CRL，并没有考虑 CRL 的大小和时间粒度问题。版本更具有灵活性，允许对证书和 CRL 的格式、内容进行扩充。

对 CRL 的扩展并没有从根本上解决其时间粒度问题，而且由于 X.509 证书的灵活性，不同的 CA 根据安全策略定义不同的证书格式与内容，给 X.509 证书系统的推广应用带来了版本和可移植性差的问题。

（二）PEM 证书系统

PEM 证书结构符合 X.509 标准，该结构包含的范围很广，从严格集中的等级形式系统到分散系统都能应用该证书模式。PEM 证书结构中包含诸多信任条款，允许用户在最少干预的情况下自动实现对证书有效性的检查。

PEM 证书管理模式是以证书授权机构（CA）的概念为基础的。根据 X.509 规范，CA 是一个或多个用户所信赖的产生证书并对其签字的机构。在 PEM 领域中，CA 是对证书签字的人。

这些 CA 呈树状结构组织。树的项部是 Internet PCA（政策证书授权）注册机构（IPRA：Internet Policy Register Authority），它在 Internet 组织的支持下工作，IPRA 不仅提供所有证书连锁汇集的共同参考点，还为 PEM 证书制定管理条款。

IPRA 向次一级的机构，即条款证书机构（PCAS：policy Certification Authorities）签发证明。IPRA 还负责 PCAS 的注册。每一个 PCA 都必须制定文件说明 IPRA 的条款。IPRA 这时就对该声明签字并向外分发，使每个用户都可以得到一份 PCA 的条款说明的签字副本。IPRA 保证所有的 PCA 和 CA 名字都是独一无二的，而且它管理证书撤销列表。

IPRA 只有一个，而 PCA 却有多个。每个 PCA 都有用户注册的不同条款。不同的用户会有不同的证书。PCA 向 CA 签发证书。PEM 制定 3 种不同类型的 CA，分别是组织性的、地域性的和个人的。

CA 向其他的 CA 或个人签发证书。某个单独的 CA 有多个 PCA 对它进行证明。不同的用户可以在 PEM 域中找到共同签字的 CA。例如，Alice 和 Bob 有不同的上级 CA，但他们的上级 CA 有同一个上级 CA，证书上也会有相同的签字。这种上溯形式最高可以到根 CA 处。

五、认证机构（CA）

认证机构（CA，Certification Authority）是整个认证系统的核心，是信任的发源地。CA 负责产生数字证书和发布证书撤销列表，以及管理各种证书的相关事宜。通常为了减轻 CA 的工作负担，专门用另外一个单独机构，即注册机构（RA，Registration Authority）来负责用户的注册、申请以及其他部分管理功能。

CA 保存了根 CA 的私钥，对其安全等级要求最高。CA 服务器具有产生证书、实现密钥备份功能。这些功能应尽量独立实施。CA 服务器通过安全连接同 RA 和 LDAP 服务器实现安全通信。CA 的主要功能如表 4-1 所示。

表 4-1　CA 的主要功能

CA 初始化和 CA 管理	处理证书申请	证书管理	交叉认证
生成新的 CA 密钥 对新的证书申请进行 CA 签名 输出 CA 证书申请 生成自签名 CA 证书 输出 CA 证书	输入来自 RA 的 签名请求 中断申请 挂起申请 删除申请	输出 CRL　LDAP，数据库更新及管理	产生证书链 利用固定证书链 实现交叉认证

显然，在全世界的网络范围内只用一个 CA 来充当授权机构不合适。因此，许多 PKI 采用多 CA，允许用某个 CA 来证明其他的 CA。假设 A、B 都由不同的 CA 为他们发行证书。当 A 与 B 通信时，A 必须直接知道 B 的 CA 公开签名密钥，或者 A 的 CA 能为 B 的公开密钥发行一个证书，然后 A 才可以只通过自己的 CA 公开签名密钥来安全地获得 B 的公开密钥。在上述情况下，为 A 和 B 发行的证书称为端用户证书，而 A 的 CA 为 B 的 CA 发行的证书称为 CA 证书。

六、注册机构（RA）

为安全起见，RA 分成两个部分：RA 操作员和 RA 服务器。客户只能访问 RA 操作员，而不能直接和 RA 服务器通信，所以 RA 操作员是互联网用户进入 CA 的访问点，客户通过 RA 操作员实现证书申请、撤销、查询等功能。RA 服务器也配有 LDAP 服务器，由 RA 管理员管理。

RA 操作员的功能主要有：①获取根 CA 证书；②证书撤销列表；③验证申请证书的用户身份；④证书申请及列表；⑤获得已申请的证书；⑥发布有效证书列表；⑦证书撤销请求。

RA 服务器的功能如表 4-2 所示。

表 4-2　RA 服务器的功能

证书申请	证书管理	CRL	其他
输出申请给 CA 挂起申请 删除已经输出的申请 对申请进行验证	输入 CA 证书 输入新证书 输出证书到 LDAP 数据库	输入 CRL 输出证书 撤销申请	通过 E-mail 通知用户证书已经发布 删除临时文件

RA 操作员和 RA 服务器之间的通信都通过安全 Web 会话实现。RA 操作员的数量没有限制。

第五节　密钥管理

密码算法的使用必须要有密钥管理。通过使用对称或非对称密码算法，通信双方可以协商一个秘密，而这个秘密可以作为通信加密的密钥。在需要通信时，在认证的基础上协商一个密钥。

密钥管理包括密钥的产生、分配与控制。密钥管理方法的选取基于参与者对使用该方法的环境所作的评估。对这一环境的考虑包括对威胁（组织内部的和外部的）的防范、使用的技术、提供密码服务的体系结构与定位，以及密码服务提供者的物理结构与定位。密码管理需要考虑的要点包括：①每一个明显或隐含指定的密钥，使用基于时间的"存活期"或者使用别的准则；

②按密钥的功能恰当地区分密钥以便按功能使用密钥，如打算用来作机密性服务的密钥就不应该用于完整性服务，反之亦然；③非 OSI 的考虑，如密钥的物理分配和密钥存档。

密钥管理要点包括：

（1）使用密钥管理协议中的机密性服务来运送密钥。

（2）密钥体系应该允许有各种不同情况，如：①"平直的"密钥体系，指密钥从一个集合中按身份或索引隐含地或明显地进行选取；②多层型的密钥体系；③加密密钥的密钥决不应该用来保护数据，而加密数据的密钥也决不应该用来保护加密密钥的密钥。

对于非对称密钥算法，有关密钥管理方面要点包括：①使用密钥管理协议中的机密性服务来运送私钥；②使用密钥管理协议中的完整性服务或数据原发证明的抗抵赖服务来运送公钥。

第五章　信息隐藏技术

第一节　信息隐藏技术简介

一、信息隐藏技术的概念

信息隐藏（Information Hiding），也称为数据隐藏（Data Hiding），它是将需要保密的信息（一般称之为签字信号，Signature Signal）嵌入一个非机密信息内容（一般称之为主信号，Host Signal，或称之为掩护媒体，cover-media）之中，使得它在外观上是一个含有普通内容的信息的过程。具体地说，信息隐藏是利用加密技术或是电磁的、光学的、热学的技术措施，改变信息的原有特征，从而降低或消除信息的可探测和被攻击的特征，以达到信息的"隐真"；或是模拟其他信息的可探测和被攻击的特征，仿制假信息以"示假"。

信息隐藏的嵌入过程需要满足下列条件：

（1）签字信号的不可感知性（Imperceptibility）。也就是说，签字信号嵌入后，主信号的感知特性无明显的改变，签字信号被主信号"隐藏"起来了。

（2）签字信号的鲁棒性（Robustness）。签字信号对主信号的各种失真变换，如失真信号压缩、加噪、A/D 或 D/A 转换等都应体现出一定的鲁棒性。除非主信号的感知的特性被明显破坏，否则签字信号应很难被去除。

通常签字信号的嵌入不增加主信号的存储空间和传输带宽。换句话说，嵌入签字信号后表面上很难觉察到信息的改变。

信息隐藏技术不同于传统的加密技术，两者的设计思想完全不同。密码仅隐藏信息的内容，但是对于非授权者来讲，虽然他无法获知具体内容，却能意识到保密信息的存在。而信息隐藏则致力于通过设计精妙的方法，使得非授权者根本无从得知保密信息存在与否，即不但隐藏了信息的内容而且隐藏了信息的存在。信息隐藏的最大优势在于它并不限制对主信号的存取和访问，而是致力于签字信号的安全保密性。

在我们所使用的媒体中，可以用来隐藏信息的形式很多。数字化信息中的任何一种数字媒体都可以实施信息隐藏，例如，图像、音频、视频或一般文档。

二、信息隐藏技术的特点

根据信息隐藏的目的和要求，它主要存在以下 6 个特性：

（1）隐蔽性。隐蔽是信息隐藏的基本要求，信息经过一系列隐藏处理手段，从而让人无法看见或听见。

（2）安全性。信息隐藏的安全性表现在两个方面，一是能够承受一定程度的人为攻击，使隐藏信息不会被破坏；二是将欲隐藏的信息藏在目标信息的内容之中，防止因格式变换而遭到破坏。

（3）免疫性。即经过隐藏处理后的信息不至于因传输过程中的信息噪声、过滤操作等而导致丢失。

（4）编码纠错性。指隐藏数据的完整性在经过各种操作和变换后仍能完整恢复。

（5）稳定性。指在进行信息加密隐藏时，信息编码应考虑其变化的可能性，尽可能保持代码系统的稳定性。

（6）适应性。信息隐藏的适应性体现在两个方面：一方面指在进行信息隐蔽时，隐蔽载体应与原始载体信息特性相适应，使非法拦截者无法判断是否有隐蔽信息；另一方面是指在进行信息加密时，代码设计应便于修改，以适应可能出现的新变化。

三、信息隐藏技术的发展

信息隐藏在古代时候就有，如在古希腊战争中，为了安全地传送军事情报，奴隶主剃光奴隶的头发，将秘密情报写在奴隶的头皮上，待头发长起后再派出去传送消息。我国古代也有以藏头诗、藏尾诗以及绘画等形式，将要表达的意思和"密语"隐藏在特定位置，使人难以注意或破解。当前，信息隐藏已不同于传统的方法，必须考虑正常信息操作所造成的威胁，使机密资料对正常的数据操作技术具有免疫能力，第三者很难从隐秘载体中得到、删除甚至发现秘密信息。

1994 年，在 IEEE 国际图像处理会议（ICIP 94）上，R.G.Schyndel 等人第一次明确提出了"数字水印"的概念，从此掀起了现代信息隐藏技术研究的高潮。1996 年，在 ICIP 96 上出现了以信息隐藏领域中的水印技术、版权保护和多媒体服务的存取控制（Access Control of Multimedia Services）为主要内容的研讨专题。同年，又在英国剑桥召开了第一届信息隐藏国际研讨会，讨论内容涉及数据隐藏、保密通信、密码学等多个相关领域。在美国，许多著名大学和公司的研究机构一直致力于信息隐藏技术的研究，并且已经取得了大量的研究成果。同时，大量的数字水印应用软件和实用工具也随之进入了市场，如 HIGHWATER FBI、Digimarc Corporation、Fraunhofer's SYSCOP 等。

总之，信息隐藏是一门正在不断发展的学科，许多新的分支和技术仍在不断涌现。

四、信息隐藏的关键技术

与密码屡遭攻击的情况类似，隐藏信息也会遭到各种恶意攻击。攻击者会从检测隐藏信息、提取隐藏信息和破坏隐蔽信息 3 方面入手。因此，信息隐藏技术的关键在于如何处理签字信号（即隐藏信息）的鲁棒性、不可感知性及所嵌入的数据量 3 者之间的关系。

衡量信息隐藏算法性能优劣的一般准则包括：

（1）对于主信号发生的部分失真，签字信号是否具备一定的鲁棒性。

（2）对于有意或无意的窃取、干扰或去除操作，签字信号是否具备一定的"抵抗"能力，从而保证隐藏信息的安全可靠和完整性。

（3）签字信号的嵌入是否严重降低了主信号的感知效果。

（4）数据嵌入量的大小。

对于一个特定的信息隐藏算法来说，它不可能同时在上述的衡量准则中达到最优。显然，数据的嵌入量越大，签字信号对原始主信号感知效果的影响也会越大；而签字信号的鲁棒性越好，其不可感知性也会随之降低，反之亦然。由于信息隐藏的应用领域非常广，不同的应用背景对其技术要求也不尽相同。因此，有必要从不同的应用背景出发对信息隐藏技术进行分类，进而分别研究它们的技术需求。

五、信息隐藏技术的分类

信息隐藏技术包容多个学科应用于多个领域，它有多种分类方法。

一般来说，如果按照处理对象的不同，信息隐藏技术分为叠像技术、数字水印技术和替声技术 3 种。

（一）叠像技术

叠像技术指产生 n 张不同含义的胶片（或称之为伪装图像），任取其中 t 张胶片叠合在一起即可还原出隐藏在其中的秘密信息的一种方法。

如果你需要通过互联网向朋友发一份文本，采用叠像技术把它隐藏在几张风景画中，就可以安全地进行传送了。之所以在信息的传递过程中采用叠像技术，是因为该项技术在恢复秘密图像时不需要任何复杂的密码学计算，正常的解密过程相对非法的破密过程要简单得多，人的视觉系统完全可以直接将秘密图像辨别出来。

叠像技术是一门技巧性学问，目前正在向实用化方向发展。

（二）数字水印

数字水印作为一种在开放的网络环境下保护版权的新型技术，可用来确认版权的所有者，识别购买者或提供关于数字内容的其他附加信息，并将这些信息用人眼不可见的形式嵌入数字图像、数字音频或视频序列中，从而确认所有权及跟踪盗版行为。此外，数字水印在数据分级访问、证据篡改鉴定、数据跟踪和检测、商业与视频广播、互联网数字媒体付费服务以及电子商务中的认证鉴定方面也有广阔的应用前景。与通常的隐藏技术相反，数字水印中的隐藏信息能抵抗各类攻击。即使水印算法公开，一般来说攻击者要毁掉水印十分困难。

（三）替声技术

与叠像技术很相似，替声技术是通过对声音信息的处理，使得原来的对象和内容都发生改变，从而达到将真正的声音信息隐藏起来的目的。替声技术可以用于制作安全电话，使用这种电话对通信内容加以保密。

第二节　数字水印

信息隐藏技术作为一种新兴的信息安全技术，已经被应用到许多领域。作为在开放的网络环境下保护版权的一种新型技术，数字水印能够确立版权所有者，识别购买者或提供关于数字内容的其他附加信息，并将这些信息以人眼不可见的形式嵌入数字图像、数字音频和视频序列中，用于确认所有权、跟踪非法行为。此外，数字水印在证据篡改鉴定、数据的分级访问、数据的跟踪和检测、商业和视频广播、互联网数字媒体的付费服务以及电子商务的认证鉴定等方面也具有广阔的应用前景。

一、数字水印技术的概念

数字水印是一种通过一定算法将一些标志性信息直接嵌入多媒体内容当中，但不影响原内容的使用与价值，并且不能被人的知觉系统觉察或注意到，只有通过专用的检测器或阅读器才能提取出来的技术。其中，嵌入多媒体内容当中的水印信息可以是作者的序列号、公司标志、有特殊意义的文本，这些信息用来识别文件、图像或音乐制品的来源、版本、原作者、拥有者、发行人、合法使用人等，从而证明他们对数字产品的拥有权。与加密技术不同的是，数字水印技术并不能阻止盗版活动的发生，但是可以通过它判别对象是否受到保护，并监视被保护数据的传播过程，提供真伪鉴别服务，从而为解决版权纠纷提供证据。

一般数字水印的通用模型包括嵌入与检测、提取两个阶段。在生成数字水印的阶段，制定嵌入算法方案的目标是使数字水印在不可见性和鲁棒性之间找到折中方法。在检测数字水印的阶段，制定验证算法方案的目标是设计一个相应于嵌入过程的检测算法，尽量减小错判、漏判的概率。检测的结果可能是原水印，也可能是基于统计原理的检验结果以判断水印存在与否。

为了提升攻击者去除水印的难度，目前大多数水印在加入、提取时采用了密钥，只有掌握密钥的人才能读出水印。

二、数字水印技术的起源

数字水印技术的基本思想起源于古代的伪装术，或称密写术。古希腊的斯巴达人曾将军事情报刻在普通的木板上，然后再用石蜡填平。收信的一方接到木板后，只要用火烤热木板融化石蜡后就可以看到密信。化学密写恐怕是使用最广泛的一类密写方法了，如牛奶、白矾、果汁等都曾充当过密写药水的角色。700 年前左右，纸张上的水印出现了。

数字化技术为古老的密写术注入了新的活力，在研究数字水印的过程中，尤其是近年来信息隐藏技术理论框架研究的兴起，给密写术成为一门严谨的科学带来了希望。

三、数字水印技术的分类

数字水印技术根据不同的角度有不同的划分方法。

（一）按数字水印所附载的媒体划分

按水印所附载的媒体，数字水印分为图像水印、音频水印、视频水印、文本水印以及用于三维网格模型的网格水印。

（二）按数字水印的特性划分

按水印的特性，数字水印分为鲁棒型数字水印和脆弱型数字水印。鲁棒型数字水印主要用于数字作品标识著作权信息，它要求嵌入的水印能够经受住各种常用的编辑处理；脆弱型数字水印主要用于完整性保护，它必须对信号的改动很敏感，人们根据脆弱型水印的状态判断数据是否被篡改过。

（三）按数字水印的内容划分

按水印的内容，数字水印划分为有意义水印和无意义水印。有意义水印是指水印本身也是某个数字图像或数字音频片段的编码；无意义水印则只对应一个序列号。就有意义水印来说，如果其受到攻击或其他原因致使解码后的水印破损，人们仍然可以通过视觉观察确认是否有水印。但对于无意义水印来说，如果解码后的水印序列有若干码元错误，则只能通过统计决策来确定信号中是否含有水印。

（四）按数字水印的检测过程划分

按水印的检测过程，数字水印分为明文水印和盲水印。明文水印在检测过程中需要原始数据，而盲水印的检测只需要密钥，不需要原始数据。一般明文水印的鲁棒性比较强，但其应用受到存储成本的限制。因此，目前的数字水印大多数是盲文水印。

（五）按数字水印隐藏的位置划分

按水印的隐藏位置，数字水印划分为时域数字水印、频域数字水印、时/频域数字水印和时间/尺度域数字水印。时域数字水印是直接在信号空间上叠加水印信息，而频域数字水印、时/频域数字水印和时间/尺度域数字水印则分别是在 DCT 变换域、时/频变换域和小波变换域上隐藏水印。随着数字水印技术的发展，各种水印算法层出不穷，水印的隐藏位置也不再局限于上述 4 种。实际上只要构成一种信号变换，就有可能在其变换空间上隐藏水印。

数字水印技术是一种横跨信号处理、数字通信、密码学、计算机网络等多学科的新兴技术，目前这一技术体系尚不完善。每个研究人员的介入角度不同，研究方法和设计策略也不同，但都是围绕着实现数字水印的基本特性进行设计。同时，随着该技术的推广和应用的深入，一些其他领域的先进技术和算法也被引入，使数据水印技术更加完善。例如，数字图像处理中的小波、分形理论以及图像编码中的各种压缩算法、音视频编码技术等。

四、数字水印技术的应用领域

（一）数字作品的知识产权保护

版权标识水印是目前研究最多的一类数字水印技术。

由于数字作品的拷贝、修改非常容易，而且可以做到与原作完全相同，所以原创者不得不采用一些严重损害作品质量的办法来加上版权标志，可是这种明显可见的标志很容易被篡改。

采用数字水印技术后，数字作品的所有者可用密钥产生一个水印，并将其嵌入原始数据中，然后公开发布其水印版本作品。当该作品被盗版或出现版权纠纷时，所有者即可从盗版作品或水印版作品中获取水印信号作为依据，从而保护所有者的权益。

（二）商务交易中的票据防伪

随着高质量图像输入输出设备的发展，特别是高精度彩色喷墨、激光打印机和高精度彩色复印机的出现，使货币、支票以及其他票据的伪造变得更加容易。因此，美国、日本以及荷兰开始研究用于票据防伪的数字水印技术。麻省理工学院媒体实验室受美国财政部委托，开始研究在彩色打印机、复印机输出的每幅图像中加入唯一的、不可见的数字水印，在需要时实时地从扫描票据中判断水印的有无，从而快速识别真伪。

此外，在电子商务中会出现大量过渡性的电子文件，如各种纸质票据的扫描图像。即使在网络安全技术成熟以后，各种电子票据仍然需要非密码的认证方式。数字水印技术可以为各种票据提供不可见的认证标志，从而大大增加了伪造的难度。

（三）标题与注释

即将作品的标题、注释等内容以水印形式嵌入到作品中，这种隐式注释不需要额外的带宽，而且不易丢失。

（四）篡改提示

基于数字水印的篡改提示，通过识别隐藏水印的状态来判断声像信号是否已被篡改。为实现这个目的，通常可将原始图像分成多个独立块，再将每个块加入不同的水印。同时，可通过检测每个数据块中的水印信号来确定作品的完整性。与其他水印不同的是，这类水印必须是脆弱的，并且检测水印信号时不需要原始数据。

（五）使用控制

使用控制应用的一个典型的例子是 DVD 防拷贝系统，即将水印信息加入 DVD 数据中，这样 DVD 播放机即可通过检测 DVD 数据中的水印信息而判断其合法性和可拷贝性，从而保护制造商的商业利益。

（六）隐蔽通信及其对抗

数字水印所依赖的信息隐藏技术提供了非密码的安全途径，实现了网络情报战革命。网络情报战是信息战的重要组成部分，其核心内容是利用公用网络进行保密数据传送。由于经过加密的文件是混乱无序的，容易引起攻击者的注意。网络多媒体技术的广泛应用使得利用公用网络进行保密通信有了新的思路，利用数字化声像信号对人的视觉、听觉冗余进行信息隐藏，从而实现隐蔽通信。

第六章　计算机病毒

第一节　病毒的概念

一、计算机病毒的特点及传播途径

（一）计算机病毒的特点

根据对计算机病毒的产生、传染和破坏行为的分析，计算机病毒具有传染性、潜伏性、隐蔽性、破坏性、不可预见性等特征。

1. 传染性

传染性是指计算机病毒能够主动将自身的复制品或变种传染到其他未染毒的程序上，是计算机病毒与正常程序最本质的区别。

2. 潜伏性

潜伏性是指计算机病毒往往潜伏在存储器中，在一定条件下才发作并开始攻击计算机。

3. 隐蔽性

隐蔽性是指计算机病毒不发作时整个计算机系统看起来一切正常。

4. 破坏性

破坏性是指计算机病毒会占用系统资源，干扰计算机系统的工作，严重的则能删除或修改系统的数据，使整个系统瘫痪。

5. 不可预见性

病毒永远是超前于反病毒软件的。同时软件技术的发展，也为计算机病毒的发展提供了新的空间。因此，计算机用户必须不断提高对计算机病毒的认识和防范能力。

（二）计算机病毒的主要传播途径

计算机病毒可以通过带毒的软磁盘、光盘、闪存、移动硬盘等在使用时与硬盘交互染上病毒，从而传染给其他计算机。

目前，计算机病毒的主要传播途径是网络。连网或 Internet 上的计算机非常容易感染病毒。

（三）病毒的工作过程

病毒的种类多，流程不完全一样，但它们有基本相同的过程。

首先，检查系统是不是感染了病毒，如果没有被染上病毒，就把病毒程序装入内存，并修改系统的中断向量等资源，使它具有传染病毒的机能。

其次，病毒会检查磁盘上的系统文件。

然后检查主引导扇区上是否被感染病毒，如果没有被染上病毒，就把病毒程序传染给主引导扇区。

完成以上几方面的准备过程后，病毒才开始执行各自的特殊流程，对计算机软硬件进行破坏。

二、计算机病毒的表现形式和危害

（一）计算机病毒的表现形式

一般来说，计算机病毒在发作时才会被发现，但多数病毒入侵后计算机会有异常反应。如果系统中经常出现以下情况，就应该怀疑系统感染了计算机病毒：

（1）计算机运行比平常迟钝。

（2）可执行程序的大小改变了。正常情况下，这些程序应该维持固定的大小，但有些病毒会增加可执行程序的大小。

（3）系统内存容量忽然大量减少。有些病毒会消耗可观的内存容量，曾经执行过的程序，再次执行时，系统会提示用户没有足够的内存可以利用。

（4）磁盘可利用的空间突然减少。这个信息警告你病毒已经开始复制了。

（5）磁盘簇增加。有些病毒会将某些磁区标注为坏轨，而将自己隐藏其中，往往反病毒软件也无法检查病毒的存在，例如 Disk Killer 会寻找 3 或 5 个连续未用的磁区，并将其标示为坏簇。

（6）硬盘指示灯无缘无故亮了，或用户并没有存取磁盘，磁盘指示灯却亮了。

（7）不寻常的错误信息出现。例如，你可能得到以下的信息："write protect error on driver A"。表示病毒已经试图去存取软盘并感染之，特别是当这种信息出现频繁时，表示计算机系统已经中毒了。

（8）程序载入时间比平常久。有些病毒能控制程序或系统，当系统刚开始启动或一个应用程序被载入时，这些病毒将执行它们的动作，因此会花更多时间来载入程序。对一个简单的工作，磁盘似乎花了比预期长的时间。例如，储存一页的文字若需一秒，但病毒可能会花更长时间来寻找未感染文件。

（9）程序同时存取多部磁盘。

（10）内存中增加了来路不明的常驻程序。

（11）文件莫名其妙消失，文件的内容被加上一些奇怪的资料文件名称或文件的扩展名、日期，属性被更改过。

（12）打印机经常不能正常打印。

（13）经常死机或自动重启。

（14）网络速度经常持续很长一段时间会很慢。

（二）计算机病毒的破坏行为

计算机病毒的破坏性表现为病毒的杀伤能力。根据有关病毒资料将病毒的主要破坏行为归纳如下。

1. 攻击系统数据区

攻击部位包括硬盘主引导扇区、Boot 扇区、FAT 表、文件目录。这种攻击将导致系统无法启动，这是引导型病毒发作的特点。这类病毒是恶性病毒，受损的数据不易恢复，往往会造成灾难性后果。

2. 攻击文件

包括可执行文件和数据文件。攻击的方式很多，如删除文件、改名、替换内容、对文件加密（使用户无法读写）等。

3. 攻击内存

内存是计算机的重要资源，也是病毒攻击的重要目标。病毒额外地占用和消耗内存资源，可导致一些大程序运行受阻。病毒攻击内存的方式有大量占用、改变内存总量、禁止分配和蚕食内存等。

4. 干扰系统运行，使运行速度下降

具体干扰行为包括：不执行命令、干扰内部命令的执行、虚假报警、打不开文件、时钟倒转、重启死机、扰乱串并接口等。病毒激活时，系统时间延迟程序启动，系统运行速度明显下降。

5. 干扰键盘、喇叭或屏幕

如出现响铃、键盘被封锁、字被换、输入紊乱等。

6. 攻击 CMOS

有的病毒激活时，能够对 CMOS 进行写入以破坏 CMOS 中的数据。例如 CIH 病毒可以乱写某些主板的 BIOS 芯片。

7. 干扰打印机

如出现假报警、间断性打印或更换字符的现象。

8. 攻击网络

网络病毒破坏网络系统，非法使用网络资源，占用网络带宽，使网络速度变慢，严重的甚至会导致网络瘫痪。"木马"程序对开启了后门带来的危害可能会超过其他类型病毒造成的危害。

三、计算机病毒的分类

按照不同的标准，病毒有不同的分类方法。

病毒按其表现性质可分为良性病毒和恶性病毒等。

（1）良性病毒是只干扰计算机正常工作的病毒，破坏性较小，往往只占用系统资源，例如小球病毒。

（2）恶性病毒能删除或修改系统的数据，使系统无法工作，甚至能使整个系统瘫痪，破坏性较大，如 CIH 病毒、冲击波病毒、震荡波病毒。

按病毒感染的目标可划分为引导型病毒、文件型病毒、混合型病毒、宏病毒和 Internet 病毒等。

（1）引导型病毒感染引导区。

（2）文件型病毒主要感染扩展名为 COM、EXE、DRV、BIN、OVL、SYS 等可执行文件。

（3）混合型病毒兼有前两者的特点。

（4）宏病毒只感染 Word、Excel 文档和文档模板等数据文件的病毒。

（5）Internet 病毒通过 E-mail 以及网页等传播，破坏特定扩展名文件，使邮件系统变慢，破坏网络系统，如蠕虫病毒。

按病毒的寄生分为入侵型、源码型、外壳型和操作系统型等。

（1）入侵型病毒一般入侵到主程序，作为程序的一部分。

（2）源码型病毒在源程序被编译之前已隐藏在程序之中，随源程序一起编译成目标代码。

（3）外壳型病毒一般都感染 DOS 下的可执行文件，程序执行时病毒程序也被执行，由此进行扩散。

（4）操作系统型病毒攻击操作系统的漏洞，代替操作系统的敏感功能。如 I/O 处理、实时处理等，这种病毒的危害最大。

按照病毒的传播媒介分类，可分为本地型（单机）病毒和网络型病毒。本地型病毒通过网络传播感染网络中的计算机，使网络无法正常使用，一般不会对计算机用户本身造成破坏，用户通常不会感觉到机器中毒，只是感觉网络异常或瘫痪，而这种网络异常往往被用户误解为物理性网络质量问题，例如，网络上曾经肆虐的"冲击波"病毒。

下面将按病毒的传播媒介分类来介绍计算机病毒。

（一）本地型病毒

1. 引导型病毒

主要感染磁盘引导区或主引导区，是感染率仅次于"宏病毒"的常见病毒。由于这类病毒感染引导区，当磁盘或硬盘在运行时，引发感染其他 *.exe、*.com、*.386 等计算机运行必备的命令程序，造成各种损害。常见的品种有 tpvo/3783，Windows 系统感染后会严重影响运行速度，使某些功能无法执行。杀毒以后，必须重装 Windows 操作系统，系统才能正常运行。

2. 文件型病毒

主要感染文件，是目前种类最多的一类病毒。黑客病毒 Trojan.BO 就属于这一类型。BO 黑客病毒利用通信软件，通过网络非法手段进入他人的计算机系统，获取或篡改数据或者控制计算机，从而造成各种泄密事故。

3. 混合型病毒

该类病毒既感染命令文件，又感染磁盘引导区与主引导区。能破坏计算机主板芯片（BIOS）的 CIH 毁灭者病毒就属于该类病毒。CIH 是台湾地区一个大学生编写的一种病毒，当时他把它放置在大学生的 BBS 站上，1998 年传入大陆，发作的日期是每个月的 26 日。该病毒是第一个直接攻击计算机硬件的病毒，破坏性极强，发作时破坏计算机 Flash BIOS 芯片中的系统程序，导致主板与硬盘数据的损坏。1999 年 4 月 26 日，CIH 病毒在中国、俄罗斯、韩国等地大规模发作，仅大陆就造成数十万计算机瘫痪，大量硬盘数据被破坏。

4. 宏病毒

宏病毒主要感染 Word 文档和文档模板等数据文件。Melissa（美丽杀手、梅丽沙）、Papa 等都属于常见的宏病毒。

宏病毒是使用某个应用程序自带的宏编程语言编写的病毒，目前国际上已发现三类宏病毒：感染 Word 系统的宏病毒、感染 Excel 系统的宏病毒和感染 Lotus Ami Pro 的宏病毒。目前，人们所说的宏病毒主要指 Word 和 Excel 宏病毒。

与以往的病毒不同，宏病毒有以下特点：

（1）感染数据文件。宏病毒专门感染数据文件，彻底改变了人们对"数据文件不会传播病毒"的错误认识。

（2）多平台交叉感染。宏病毒打破了以往病毒在单一平台上传播的局限，当 Word、Excel 这类软件在不同平台（如 Windows、Windows NT、OS/2 和 Macintosh 等）上运行时，会被宏病毒交叉感染。

（3）容易编写。以往病毒是以二进制的计算机机器码形式出现，而宏病毒则是以容易阅读的源代码形式出现，所以编写和修改宏病毒比以往的病毒更容易。

（4）容易传播。如果接收到的文章或 E-mail（电子邮件）带有宏病毒，只要打开这些文件，计算机就会被宏病毒感染了。此后，再打开或新建文件都可能携带宏病毒，这导致宏病毒的感染率非常高。

（二）网络型病毒

网络给人们的生活带来了极大便利，随着网络技术的不断发展，网络型病毒也在不断升级，给网络用户带来了众多危害。下面介绍最常见的两种网络病毒。

1. 红色代码

红色代码（Red Code）是一种蠕虫病毒，感染运行 Microsoft Index Server 2.0 的系统，或是在 Windows 2000、IIS 中启用了 Indexing Server（索引服务）系统。

该蠕虫利用一个缓冲区溢出漏洞进行传播。蠕虫的传播是通过 TCP/IP 协议和端口 80，利用上述漏洞，蠕虫将自己作为一个 TCP/IP 流直接发送到染毒系统的缓冲区，依次扫描 Web，进而感染其他的系统。一旦感染了当前的系统，蠕虫会检测硬盘中是否存在 c:\notworm，如果该文件存在，蠕虫将停止感染其他主机。

与其他病毒不同的是，红色代码并不将病毒信息写入被攻击服务器的硬盘，它只是驻留在被攻击服务器的内存中，并借助这个服务器的网络连接攻击其他的服务器。红色代码蠕虫能够迅速传播，并造成网络大范围的访问速度下降甚至阻断。红色代码蠕虫造成的破坏主要是涂改网页，对网络上的其他服务器进行攻击，被攻击的服务器又可以继续攻击其他服务器。

2. 冲击波病毒

冲击波病毒（Wrom.MSBlast）也叫爆破工。该病毒是利用微软操作系统的 RPC（远程进程调用）漏洞实现快速传播的。攻击者通过编程方式来利用此漏洞：在一台与易受影响的服务器通信的并能通过 TCP 端口 135 的计算机上，发送特定类型的、格式错误的 RPC 消息。接收此类消息会导致易受影响的计算机的 RPC 服务出现问题，进而使任意代码得以执行。接着，病毒就会修改注册表，截获邮件地址信息，一边破坏本地机器一边通过 E-mail 形式在互联网上传播。同时，病毒会在 TCP 的端口 4444 创建 cmd.exe，并监听 UDP 端口 69，当有服务请求，就发送 Msblast.exe 文件。

从 2003 年 8 月 12 日冲击波病毒被瑞星全球反病毒监测网首次截获开始，冲击波病毒已经在国内造成了大范围影响，虽然各大杀毒软件公司都已推出专门的升级软件包，但仍有许多疏于防范的用户计算机不断在遭受攻击。目前该病毒仍以每小时感染 3 万个系统的速度蔓延。预计该病毒将会在全球范围内造成 12 亿美元的经济损失。

第二节　病毒的工作原理

一、DOS 环境下的病毒

（一）DOS 基本知识介绍

1.DOS 的基本结构

DOS 由引导记录模块、基本输入输出模块、核心模块和 Shell 模块 4 个程序模块组成，它们既相互独立又相互关联，构成了 DOS 的 4 个层次：引导记录模块、基本输入输出模块、核心模块、Shell 模块。

2.DOS 启动过程

PCX86 系列计算机加电启动后，程序执行的首地址总是 0FFFFOH，从这里直接跳转到自检程序，完成以下工作：

（1）硬件自检。自检程序包含对系统硬件如处理器、内部寄存器、ROM-BIOS 芯片字节、DMA 控制器、CRT 视频接口、键盘项目等进行检查和测试。测试过程中，若存在致命性错误，将会停机；如果是一般性错误，会在屏幕上显示相应的错误信息以供用户检测。

（2）自举程序。负责装入 DOS 引导记录并执行。DOS 引导记录由 3 部分组成：软（硬）盘 I/O 参数表，记录着每扇区字节数、每簇的扇区数、FAT 表个数等信息；软（硬）盘基数表；引导记录块。硬盘的引导记录放在 DOS 分区的首部；软盘的引导记录放在软盘的 0 面 0 道 1 扇区。一旦自举程序 INT 19H 将其读入内存的指定区域，就把控制权转交给它，由它判断该磁盘是否为系统盘。若是系统盘，则引导 DOS 进入内存，否则就会显示出错信息 Non-system disk Or disk error 或 Disk boot failure。

（3）系统初始化程序第一阶段。执行完 DOS 引导记录后，接着 IO.SYS 的初始化代码调用 SYSINIT 程序完成系统的初始化工作。SYSINIT 是 DOS-BIOS 模块的一个重要组成部分。它首先建立磁盘基数表，之后设置中断向量，同时调用 BIOS 中断 11H 和 12H 来确定系统硬件配置和 RAM 的实际容量，供以后 DOS 管理系统设备和分配内存空间时使用。SYSINIT 完成初始化工作后，将系统控制权交给 DOS 的内核文件 MSDOS.SYS。

（4）DOS 内核初始化程序。DOS 初始化程序主要完成设置 DOS 中断向量入口、检查常驻的设备驱动程序、建立默认的磁盘扇区缓冲区（2 个）和默认的文件句柄控制块（8 个）任务。

（5）建立系统运行环境。DOS 内核初始化程序运行完后，系统开始执行 SYSINIT 程序第二阶段的工作，主要是解释执行 CONFIG.SYS 文件并为常驻设备驱动程序 CON、AUX 和 PRN 分配句柄。SYSINIT 完成所有工作后，系统转到 COMMAND.COM。

（6）COMMAND 初始化程序。该程序对常驻的中断 22H、23H、24H 和 27H 的例程重新设置向量入口供 DOS 系统使用，然后检查自动批处理文件 AUTOEXEC.BAT 是否存在，若存在则执行其中每条命令；若不存在，则显示日期和时间提示。最后，显示 DOS 提示符。至此，完成了所有初始化任务，DOS 启动成功。

3.DOS 文件系统和加载过程

DOS 文件管理主要通过文件目录表 FDT、文件分配表 FAT、磁盘参数表和设备驱动程序来实施。文件目录表具体描述文件名、子目录名和卷标及其他有关信息，DOS 利用它来掌握磁盘上每个文件的路径、属性、文件分配、长度以及建立/修改的具体日期和时间；文件分配表记录着文件所分配到的位置，在文件的存取过程中起着关键作用。

DOS 利用 COMMAND.COM 命令处理程序解释用户输入的命令。COMMAND.COM 可以解释 3 种用户命令：内部命令、外部命令和批处理文件。当一个外部命令执行时，它几乎控制系统的全部资源。执行完毕后或释放所有内存，或程序驻留，然后返回到 DOS 的提示符状态。

4.DOS 的中断系统

中断是指计算机的 CPU 在执行程序的过程中，由于某种原因，暂时停止正在执行的程序，转去执行临时发生的事件，即中断服务程序，中断服务程序执行结束，再转回去执行正常的程序。

DOS 的中断可分为 3 种类型：来自外部硬件的外中断、来自内部硬件的内中断和来自中断指令的软中断。

CPU 在取得中断信息后，通常首先保护断点现场，然后根据中断类型号由中断向量表中取得中断处理程序入口地址，运行中断处理程序，最后恢复中断时的现场环境并继续执行原来被中断的程序。尽管病毒多种多样，但是大多数都有一个共同点：通过修改中断向量来达到繁殖和传染的目的。计算机病毒经常使用磁盘服务中断和时钟中断。

计算机病毒充分利用了中断程序的强大功能以达到其各种目的，所以对中断知识的了解和熟练掌握是分析判断病毒存在与否的重要途径。

（二）常见 DOS 病毒分析

1.引导型病毒的工作原理

引导型病毒分为软引导记录病毒、主引导记录病毒和分区引导记录病毒，分别感染软盘的引导扇区或硬盘的主引导记录、分区引导记录。大多数引导记录病毒在内存中安装自己，并且把自己挂到计算机的 BIOS 和操作系统提供的各种系统服务中。

2.文件病毒

文件感染病毒分为直接操作和内存驻留文件感染病毒两种。被感染的文件一执行，直接操作文件感染病毒，病毒使用与包含特定文本串的文件查找程序相同的定位方式，感染目录上或硬盘上某个地方的其他程序文件。内存驻留文件感染病毒使用类似于引导记录病毒的方法把自己装入内存，再把自己安装为驻留的服务提供者，当 DOS 或其他程序要执行或访问程序时，病毒就会控制计算机。

文件型病毒主要感染后缀名为.COM、.EXE、.SYS、.DLL 的可执行文件。它感染的是可执行文件，所以它要迟于引导型病毒。

还有一类感染程序文件的病毒叫伴随型病毒，它们并不把自己附加到已存在的程序文件中，而是创建一个新文件让 DOS 执行，代替原来的程序，从而进行感染。伴随型病毒使用许多策略，例如用同一个文件名，在同一个目录下创建一个.COM 文件代替已存档的.EXE 文件。

文件病毒引起的大多数损害源于不正确的感染技术。例如，DOS 要求.COM 格式的文件不能超过 65 280 字节长。如果文件的正常长度已接近这个限制，那么病毒的加入可能会使该文件长度超过限制，使得以后用户运行染毒程序的请求被 DOS 拒绝执行。

二、Windows 平台病毒

（一）Windows 系统病毒

Windows 病毒感染 Windows New Executable 文件（Windows NE 文件）或 Windows Portable Executable 文件（Windows PE 文件）感染方式分为直接感染和内存驻留感染两种。

NE 和 PE 是一种新型的可执行文件，包含两个独立的程序：标准的 DOS 可执行程序和 Windows 可执行程序。前者是一个 STUB 程序，大小为 640 KB，在 DOS 或 Windows 下运行时，NE 文件如同 DOS 程序一样执行，并显示需要 Windows 运行平台；后者包含可执行代码和指示在 Windows 下程序如何运行的信息，如果在 Windows 环境中执行程序就装入这部分代码。

NE 和 PE 文件能够同时被 DOS 病毒和 Windows 病毒感染。如果 NE 和

PE 文件在 DOS 环境下执行，其 DOS 组成部分就被执行，若 DOS 组成部分已被感染，则 DOS 病毒就被执行；如果在 Windows 环境下执行，其 Windows 组成部分就被执行，若 Windows 组成部分已被感染，则 Windows 病毒就被执行。这样，Windows 病毒通过修改 NE 和 PE 文件的这个组成部分而进行传播。

（二）Windows 典型病毒

1.CIH 病毒

CIH 病毒程序大小为 1 K，从分类来说是文件型病毒，驻留内存，感染所有 Windows 环境下的 PE 格式文件。它是第一种破坏硬件的病毒，杀伤力极强。

随着技术的更新，主板生产商开始使用 EPROM 来做 BIOS 的内存。这是一种电可擦写的 ROM，在 12V 电压下通过编写软件修改其中的资料。采用了这种可擦写的 EPROM，虽然使用户及时对 BIOS 进行升级处理，但同时也给病毒带来了可乘之机。

CIH 攻击的是计算机的 BIOS 系统。正常状况下，开机后 BIOS 取得控制权，从 CMOS 读取系统参数，初始化并协调各个设备的数据流，此后控制权交给硬盘或软盘，最后是操作系统。CIH 发作时让 ROMBIOS 处于特殊的电子状态从而擦除 BIOS 中的资料，也可能低级格式化硬盘的主引导区。一旦 ROMBIOS 中的程序被破坏了，那么计算机连开机自检、系统引导都无法进行了，因而这台计算机就不能引导操作系统了。

如果 CIH 病毒程序将主板的 BIOS 信息重写，则计算机不能正常启动，通常可以向主板制造厂商索要 BIOS 升级程序，重写 BIOS 即可。

CIH 病毒感染 32 位程序时并不增加被感染文件的长度，而是把病毒体拆成几部分，寻找被感染程序的空当插入。

CIH 病毒的加载、感染、破坏利用了 Windows 的 VXD（虚拟设备驱动程序）编程方法。使用这个方法的目的是获取高的 CPU 权限。CIH 病毒使用的方法是首先取得中断描述符表基地址，然后把 IDT 的 INT 3H 的入口地址改为指向 CIH 自己的 INT 3H 程序的入口地址，再产生一个 INT 3H 指令使该病毒获得最高级别的运行权限。接着，CIH 病毒将检查 DR 0 寄存器的值是否为 0，用以判断是否已有 CIH 病毒驻留。如果值不为 0，则表示 CIH 病毒程序已驻留，则此 CIH 副本将恢复原先的 INT 3H 入口地址，然后正常退出。如果值为 0，则 CIH 病毒将尝试进行驻留，并首先将当前 EBX 寄存器的值赋给 DR 0 寄存器，以生成驻留标记：然后调用 INT 20H 中断，使用 VXD call Page Allocate 系统调用功能，要求分配 Windows 系统的内存区。如果申请成功，则从被感染文件中将原先分成多段的病毒代码收集起来，进行组合后放到申请成功的内存空间中。

完成组合、放置过程后，CIH 病毒将再次调用 INT 3H 中断以进入 CIH 病毒体的 INT 3H 入口程序，接着通过调用 INT 20H 在文件系统处理函数中挂接钩子，以截取文件的入口，这样就完成了挂接钩子的工作。一旦出现开启文件的调用，则 CIH 将在第一时间截获此文件，并判断此文件是否为 PE 格式的可执行文件。如果是，则感染；否则放过去，将调用转接给正常的服务程序。当然，如果重新启动计算机，而不运行感染有 CIH 病毒的程序，内存中就不再存在病毒，因而更加具有隐蔽性。只有再一次运行含有 CIH 病毒的程序时，系统才再次携带病毒。带病毒的机器如果在 26 日运行，病毒将会发作。

2.宏病毒

所谓宏，就是软件设计者为了在使用软件时避免重复相同的动作而设计出来的一种工具。利用该功能，用户可把一系列的操作作为一个宏记录下来。之后，只要运行这个宏，计算机就能自动重复执行宏中的所有操作。在 Word 中将宏定义为："宏就是能组织到一起作为一独立的命令使用的一系列 Word 命令，它能使日常工作变得更容易。"简单地说，宏是一组批处理命令，是用高级语言 VBA 编写的一段程序。由于 VBA 语言简单易学，因此宏病毒大量诞生。

宏病毒感染带有宏的数据文件，随着 Microsoft 的办公自动化软件 Office 开始流行，是新型病毒的代表，也是一种跨平台式计算机病毒，可以在 Windows 95/98/NT/2000/XP、OS/2、Macintosh System 7 等操作系统上执行病毒行为。很多宏病毒具有隐形、变形能力，并具有对抗反病毒软件的能力。宏病毒还可以通过电子邮件等功能自行传播。目前宏病毒只感染 Microsoft Office 和 LOTUS 公司的产品，却对今后具有宏能力的文件和程序存在潜在的威胁。

宏病毒的传播方法与其他病毒不同。在 Office 目录下有一个"Templates"

目录，里面有一个 Word 的常规模板文件 Normal.dot。每次启动 Word 的时候，该文件都会先被 Word 打开并执行里面的宏。因此，大多数宏病毒都会采用感染 Normal.dot，把自身的恶意 VBA 语句加入 Normal.dot 里面，使 Word 每次启动时都执行里面的恶意语句，并将这些代码复制到其他 Word 文档里面，达到传染的目的，以后新建或打开的文档都将被宏病毒感染。有些宏与文件的保存和关闭有关，如 FileSaveAs、FileSave、FileClose。当用户保存或关闭文件时，激发这些宏的运行，将当前的文档转换成模板形式保存，并将宏病毒代码添加在文档中，使其成为原先宏病毒复制品，完成了病毒的复制，为其再次传播提供可能。

编写宏病毒的 Word Basic 语言提供了许多系统低层调用，如直接使用 DOS 系统命令、调用 Windows API，这些操作均可能对系统造成直接威胁，而 Word 在指令安全性、完整性上检测能力很弱，破坏系统的指令很容易被执行。

模板的不兼容使英文 Word 中的病毒模板，在同一版本的中文 Word 中打不开而自动失效，反之亦然。同时，高版本的 Word 文档在低版本的 Word 下是打不开的。

对大多数人来说，反宏病毒主要的还是依赖于各种反宏病毒软件。当前，处理宏病毒的反病毒软件主要分为两类：常规反病毒扫描仪和专门处理宏病毒的反病毒软件。两类软件各有自己的优势，一般说来，前者的适应能力强于后者。

能通过改变自身的代码和形状来对抗反病毒软件的变形能力是新一代病毒的首要特征，可以分为 4 类：一维变形病毒、二维变形病毒、三维变形病毒、四维变形病毒。

三、网络病毒的工作原理

网络互联有两种含义：一种是指几台或者几十台计算机联成一个局域网；另一种是指与目前世界上最大的互联网相连接。

计算机网络的主要特点是资源共享。一旦共享资源感染病毒，网络各结点间信息的频繁传输会把病毒传染到所共享的机器上，从而形成多种共享资源的交叉感染。病毒的迅速传播、再生、发作将造成比单机病毒更大的危害。因此，网络环境下病毒的防治就显得更加重要了。

网络病毒的分类尚无定论，但是按照网络互联的方式可以对网络病毒进行如下分类：一类是局域网上的病毒，一般有 Novell 和 UNIX 操作系统下的病毒；另一种是随着 Internet 的兴起而产生的新网络病毒。

（一）病毒在网络中的传播与表现

Internet 的飞速发展给反病毒工作带来了新的挑战。Internet 上有众多的软件可供下载，有大量的资料交换，这给病毒的大范围传播提供了可能。Internet 衍生出新一代病毒，即 Java 和 ActiveX 病毒等。它们不需要寄主程序，互联网是带着它们到处肆虐的寄主。它们不需要停留在硬盘中且可以与传统病毒混杂在一起，不被人们察觉。而且它们可以跨越操作平台，一旦感染便会毁坏所有操作系统。病毒入侵网络的主要途径是通过工作站传播到服务器硬盘，再由服务器的共享目录传播到其他工作站。病毒传播速度快，借助高速电缆不但能迅速传遍局域网，还能通过远程工作站瞬间传播到千里之外，且消除难度大。网络中只要有一台工作站杀毒不彻底，就可使整个网络全部被病毒感染，甚至刚刚完成杀毒的工作站也有可能被网上另工作站的带病毒程序所传染。因此，仅对工作站进行杀毒处理并不能彻底解决问题。网络上的病毒将直接影响网络的运行，轻则降低速度，影响工作效率，重则造成网络系统的瘫痪，破坏服务器系统资源，使多年工作毁于一旦。网络一旦感染了病毒，即使病毒已被消除，其潜在危险仍然是巨大的。病毒在网上被消除后，85%的网络在 30 天内会再次被感染。

大多数公司使用的局域网文件服务器，用户直接从文件服务器复制已感染的文件。用户在工作站上执行一个带毒操作文件，病毒就会感染网络上其他可执行文件。因为文件和目录级保护只在文件服务器中出现，而不在工作站中出现，所以可执行文件病毒无法破坏基于网络的文件保护。然而，一般文件服务器中的许多文件并没得到保护，而且非常容易成为感染的目标。除此之外，管理员可能会感染服务器上的所有文件。如果一个标准的 LOGIN.EXE 文件被一个内存驻留病毒感染，那么当用户登录到网络时就会激活病毒并感染工作站上的每一个程序，还会感染文件服务器上有写访问权限的每一个程序。病毒可能驻留在网络中，但是除非与网络软件集成在一起，否则它们只能从客户的机器上被激活。

另一种使用网络的方式是对等网络，通过该方式，用户可以读出和写入每个连接的工作站上本地硬盘中的文件。因此，每个工作站可以成为另一个工作站的客户和服务器。这些特点使得端到端网络对基于文件的病毒的攻击尤其敏感。如果一台已感染病毒的计算机执行另一台计算机中的文件，那么这台感染病毒计算机中活动的内存驻留病毒能够立即感染另一台计算机硬盘上的可执行文件。

如果从一张染毒的软盘上引导网络服务器，服务器可能被引导病毒感染。假如服务器被感染，引导记录病毒将无法感染连接到服务器的客户机。反之，假如客户机被引导记录病毒感染，它也不能感染网络服务器。尽管当前的文件服务器体系结构允许客户机从服务器存取文件，却不允许客户机在服务器上直接执行操作，这使得引导记录病毒不能利用端到端网络传播，引导病毒无法通过 Internet 传播。

（二）传统网络病毒的工作原理

为了更好地理解网络病毒的工作原理，下面以 Remote Explorer（远程探险者）病毒为例进行分析。

Remote Explorer 需要通过网络实施有效的传播，同时本身必须具备系统管理员的权限，否则只能影响当前被感染主机中的文件和目录。该病毒通过局域网或广域网进行传播，专门感染.EXE 文件，运行于 Windows NT Server 和 Windows NT Workstation 平台上，进行.EXT、.TXT 和.HTM 文件加密等破坏活动。当具有系统管理员权限的用户运行了被感染的文件后，病毒将会作为一项 NT 的系统服务被自动加载到当前的系统中，这就是 Remote Explorer 病毒名字的来源。Remote Explorer 的传播过程与传统单机病毒截然不同，无需普通用户的介入。该病毒侵入网络后，直接使用远程管理技术监视网络，查看域登录情况并自动搜集远程计算机的资料，然后再利用所搜集的资料向网络中的其他计算机传播。由于系统管理员能够访问所有远程共享资源，所以具备同等权限的 Remote Explorer 能够感染网络环境中所有的 NT 服务器和工作站硬盘的共享文档。在传染时，Remote Explorer 首先在远程 NT 服务器或工作站上随机地选择一个目录，并试图感染该目录下所有的.EXE 文件。该病毒对文件系统有两方面的破坏作用：一方面，Remote Explorer 几乎不检查被感染对象是否是一个 WIN32 可执行文件，因此一些 DOS 或 16 位 Windows 应用程序也可被感染，受感染的文件不能正常工作；另一方面，.EXE 文件被感染后长度大致增加 125 KB。感染完成后，目标目录中所有其他文件，除 DLL 和 TMP 类型之外均被加密，以至无法正常打开。

（三）专攻网络的 GPI 病毒

GPI 病毒意指 Get Password I，是源自欧美地区的专攻网络的一类病毒，是"耶路撒冷"病毒的变种，并被特别改写成专门突破 Novell 网络系统安全结构的病毒。

GPI 病毒被执行后，就停留在系统内存中。它不像一般的病毒通过中断向量去感染其他计算机，而是一直等到 Novell 操作系统的常驻程序被启动后，再利用中断向量（INT 21H）的功能进行感染动作。一旦 Novell 中的 IPX 与 NETX 程序被启动后，GPI 病毒便会把目前使用者的使用权限擅自改为最高权限，所以即使是 Novell 结构上最低级的网络使用者也会受到感染，甚至可以感染到最高级的网络使用者。

第七章　黑客的防范策略

第一节　黑客的概念

一、黑客的具体内涵

黑客是英文 Hacker 的音译，源于动词 Hack。Hack 在英语中有乱砍、乱劈的意思，还有一个意思是指从事艰苦、乏味工作的人，引申为干了一件非常漂亮的事。

黑客们一再声称自己与入侵者不同，于是便对黑客行为有了各种各样的注释，总结起来有以下几点：

（1）不随便攻击个人用户及站点；

（2）常编写一些有用的软件；

（3）帮助别的黑客测试、调试软件；

（4）义务做一些力所能及的事；

（5）洁身自好，不与入侵者混在一起。

简单地说，黑客是在别人不知情的情况下进入他人的电脑体系，进而控制电脑的人或组织。因此，黑客既可能是伺机破坏的电子强盗，也可能是行侠仗义的网络大使。黑客的行为有利有弊：一方面，它有助于发现电脑系统潜在的安全漏洞，从而帮助改进电脑系统；另一方面，它也可能被用于破坏活动。片面强调黑客的破坏性固然不对，完全忽视黑客的危害也不可取。

二、黑客内涵的演变

电脑刚出现的时候，价格非常昂贵，只有科研机构与各大院校才拥有，而且使用一次需要办理很复杂的手续。为了绕过限制，充分利用这些昂贵的电脑，程序员写出了一些简洁、高效的捷径程序，而这种行为便被称为 Hack。在早期美国麻省理工学院中，Hacker 有恶作剧的意思，尤其指那些手法巧妙、技术高明的恶作剧。可见，黑客这个称谓在早期并无贬意。从某种意义上说，最早的 Hacker 正是 Internet 的创始人，他们开发出了迄今仍在使用的 UNIX 操作系统。

20 世纪 70 年代后情况发生了变化，有些黑客同样具有高超的技术，但他们以侵入别人的系统为乐趣，随意地修改别人的资料，使得"黑客"这个称谓逐渐等同于"入侵者"这一称谓。同时，因为互联网的发展让黑客与黑客之间的交流更容易，在互联网上出现了专供黑客交流的 BBS，黑客逐渐形成了科技领域尤其是电脑领域的一个独特的群体。

三、黑客必须具备的基本技能

黑客具有高超的技术、过人的智力以及坚韧的探索未知事物的毅力。黑客必须具备的基本技能主要有：

（1）对网络操作系统的了解。黑客的目的是入侵网络操作系统，或者是连接在网络上的主机的操作系统。因此，黑客必须了解网络操作系统。由于目的不同，黑客关心的操作系统也不同，对于一般以攻击 Internet 服务器系统为主要目的的黑客来说，首推的自然是 UNIX 系统。UNIX 操作系统可能在相当长的一段时间里面都是 Internet 中的重点，所以黑客一般对操作系统的研究集中于对 UNIX 系统及其在 UNIX 环境下的应用系统的研究。相对其他的操作系统来说，UNIX 操作系统的安全级别是最高的，因而成为网络最有价值的平台。同时，由于 UNIX 系统本身相当复杂，对于 UNIX 的研究本身是一件充满挑战性和乐趣的事情，这些都是对黑客的诱惑，UNIX 操作系统就成了黑客喜欢挑战的对象。

（2）对必要的编程技术的了解。作为一名黑客，需要了解目前计算机通用的 C 语言。一名普通黑客应该读懂别人所书写的源代码。黑客和一般程序员在编程技术方面有什么不同呢？一般的程序员，尤其是为商业领域编写程序的程序员，更多的是关注系统的性能、算法以及现代数据库技术的应用。而作为网络编程的程序员，他们更加注重网络功能的实现以及优化。而对于系统本身，他们关心的是如何在公布的文档中寻求自己所需要的功能。黑客则不同，他们更加关心系统功能实现的过程以及网络功能实现的过程。因此，系统功能以及网络功能，也就是我们常说的 TCP/IP 协议，是黑客在编程中特别关注的重点。

为了侵入一个系统或者是利用系统实现某些功能，黑客一般还对 UNIX 的 Shell 指令、Perl、Tcl 之类的语言比较精通。这些语言和 C 语言类似，对程序员来说，掌握它们很容易。

第二节 如何发现黑客入侵

一、什么是入侵检测

入侵检测（ID）是安全界最新的发展成果，很多入侵检测系统（Intrusion Detection Systems，IDS）检测漏洞的原理都是将数据包序列模式同已知安全弱点进行匹配，判断该数据包是否为入侵或攻击，这与病毒检测程序类似。Ed.Amoroso 对 ID 的定义为："ID 是对指向计算机和网络资源的恶意行为进行识别和响应的过程。"入侵主要包括以下几种形式：

（1）入侵。入侵是非授权用户通过某种方法获得系统或网络的访问权，而对系统和网络进行的非法访问。列出审计文件中失败的系统登录企图是不够的，这只是入侵检测系统要做的第一步。

（2）伪装。伪装和入侵密不可分，它常表现为一个非法用户为了获得某个用户的账号而假冒该用户，也经常表现为假冒另一个用户对发往某个用户的文件或消息进行修改。

（3）合法用户的渗透。它与入侵有些类似，表现为一个系统或网络的合法用户试图获得超过本身被授予的权限。

（4）合法用户的泄露。如拥有最高密级信息访问权的用户向只有一般保密级别信息访问权的用户传送文件时，就要受到入侵检测系统的检测。

（5）合法用户的推理。它表现为通过对某些数据的分析而获得真实信息，而用户原本没有获得这些信息的权利。

（6）拒绝服务。通常，攻击者通过对某些资源的独占而达到拒绝系统为合法用户提供服务的目的。对资源的异常请求和使用通常意味着拒绝服务攻击的开始。

（7）病毒。病毒也是入侵检测要寻找、发现并揭露的威胁。

（8）特洛伊木马。一个入侵检测系统应揭露特洛伊木马的隐藏活动，它采用的办法是将程序实际占用资源的类型和数量与它理论上应该占用的类型和数量进行比较。另外，一些合法的进程如果有违反安全规则的企图，通常也意味着其代码中有隐藏的功能。

入侵检测要使用一种或多种办法完成检测任务。基于用户特征或入侵者特征的检测是入侵检测的基础。

二、入侵检测技术分类

目前市场上有基于网络和基于主机两种入侵检测。基于网络的入侵检测使用网卡在混杂方式下截获数据包，然后入侵检测将会话特征和基于知识库的攻击特征进行对比，提供防止包序列和内容攻击的保护。基于主机的入侵检测通常使用代理，代理必须安置在要保护的关键设备上。这些代理必须根据平台的硬件、软件版本定制，它们的作用是连续监视主机产生的日志文件。

入侵或异常检测有两种主要检测模式：模式匹配和统计分析。模式匹配使用一套静态的模式，或者在以太网和 IP 层过滤掉监测流量包。它们对与已知特征相同的序列包做出警告。统计分析使用统计过程来检测反常事件，原理是收集报头信息并与已知的攻击特征比较，并且探测异常。

两种模式各有优缺点，模式匹配工具在检测已知攻击时效果较好，但对新的攻击以及变种的攻击却无能为力。使用统计分析的入侵检测在探测已知攻击时相对较差，但对未知攻击具有很好的效果。

三、网络 IDS 的工作

为了有效地捕获入侵者，需要将网络入侵检测正确地放置在网络中。必须将网络入侵检测放置在路由器之后紧接着的第一个结点的位置，也可以放在两个子网间的网关上，用以监视子网间的攻击。企业内一般使网络入侵检测紧随防火墙放置。由于所有的内部通信和外部通信都必须通过防火墙，因此能很容易地把网络入侵检测放在防火墙之后作为安全网络的第一个结点。

由于信息源是网络数据包，网络入侵检测搜索由网络协议标记的攻击，如 Ping of Death 和 SYN Flood 就是这种类型的攻击，两者都是对 TCP/IP 协议自身存在的弱点进行攻击。其他能够发现的应用型攻击和易受到攻击的弱点包括：①CGI 缺陷；②各种 Sendmail 缺陷；③指针和 DNS 中的缓冲区溢出；④各种 NFS、FTP 和 TFTP 缺陷。

网络入侵检测最主要的优点是操作简单。安装一个单网络入侵检测比在每个结点上安装客户系统监控器便宜。网络入侵检测的另一个优点是收集的数据实际上是自由到达的。计算机之间为了进行正常的通讯，需要使数据在网络中流动起来。网络入侵检测需要和网络连接，当信息出现时对其进行探测。网络入侵检测不具有侵略性，它绝对不会改变用户系统，任何系统的所有核心系统调用都不会被更改或者替换。

网络入侵检测主要是用来监控周边网络安全的。随着和网络连接的企业逐渐增加，来自入侵者的威胁越来越不可避免。网络入侵检测的目的在于简化了为了防止黑客入侵等破坏活动而进行的监控工作。网络入侵检测通常包含了某些形式的响应或对策特征。当黑客利用 Web 站点中的用户 IP 地址，通过伪造大量的 SYN 进行攻击时，它能够向路由器发出命令使其封锁来自 IP 地址的数据包。

第三节　黑客的通用防御方法

黑客攻击的手法千变万化，所以黑客防御技术也是十分复杂的。总的来说，防御黑客有如下几种方法：

（1）实体安全的防范，包括管理好机房、网络服务器、线路和主机。

（2）对数据进行加密，这样数据即使被他人截取，对方也很难解读其中的内容。

（3）使用防火墙将内部系统和 Internet 隔离开来，防止来自外界的非法访问。

（4）建立内部安全防范机制，防止内部信息资源或数据泄露。

（5）使用比较新的、安全性好的软件产品，而不要使用陈旧落后的网络系统。

（6）安装防范黑客的各种软件，如网络监测软件、漏洞检查软件。

一、不要随意下载软件

不要从不可靠的渠道下载软件，也不要运行附带在电子邮件中的软件。如果确实需要下载软件，先把软件保存在硬盘上，使用杀毒软件检查过以后再使用它。

黑客引诱他人的常见方法包括：

（1）发送电子邮件，推荐软件或者补丁程序。实际任何正规软件公司都不会这样做。

（2）提供一些黄色图片，告诉你下载一个软件之后就可以看到这些图片。

（3）在文件传输协议网站中放置一些感染了病毒的软件。

二、管理好密码

首先要给自己的密码分级别。例如，银行存款的密码是一个级别，在 Internet 上登录的密码是一个级别，收发电子邮件的密码是一个级别，专门注册各种网站的密码又是一个级别。级别设置的数量和个人爱好有关，同一级别的密码可以混用，但是不要把不同级别的密码混用。密码的拼写不要太规则，最好的密码是毫无规律，混合了数字和字母，例如 az0rg3f，这样的密码不太容易被破解，但是自己也难以记忆。如果要设置有意义的、易记的密码，最好是一句相当长的话，如 mycatlikeeggs。

第八章　防火墙

第一节　防火墙

网络的安全不仅表现在网络的病毒防治方面，还体现在系统抵御外来入侵方面。我们可以使用反病毒软件对付网络病毒，可以使用防火墙技术防范黑客的入侵。

一、防火墙的概念

（一）物理防火墙

防火墙的本义是指古代的人在房屋之间修筑的一道墙，在发生火灾时，该墙可以防止火灾蔓延到别的房屋。

（二）计算机防火墙

防火墙是一个或一组在两个网络之间执行访问控制策略的系统，包括硬件和软件，目的是保护网络不被可疑入侵干扰。一般情况下，防火墙就是位于内部网（或 Web 站点）与因特网之间的一个路由器或一台计算机，也叫堡垒主机，如图 8.1 所示。

图 8.1　防火墙在因特网与内部网中的位置

通常意义上的防火墙指硬件防火墙，它是通过硬件和软件的结合来达到隔离内外部网络的目的，硬件防火墙价格较贵，但效果较好，一般小型企业和个人很少设置；软件防火墙是通过软件的方式来保护内部网，价格很便宜，但这类防火墙只能通过一定规则来限制一些非法用户访问内部网。

（三）防火墙的特性

由软件和硬件组成的防火墙必须具有以下功能：
（1）所有进出网络的信息流都应该通过防火墙。
（2）所有穿过防火墙的信息流都必须有安全策略确认和授权。
（3）理论上说，防火墙是穿不透的。

（四）内部网需要防范的攻击

内部网需要防范的攻击有三种：①间谍：指试图偷走敏感信息的黑客、入侵者和闯入者；②盗窃：盗窃的对象包括数据、Web 表格、磁盘空间和 CPU 资源等；③破坏系统：指通过路由器或主机/服务器蓄意破坏文件系统或阻止授权用户访问内部网（外部网）和服务器。防火墙的作用是保护 Web 站点和单位的内部网，使之免受侵犯。

二、防火墙的基本功能和不足

（一）防火墙的基本功能

1. 强化安全策略

Internet 上每天都有很多人在收集信息、交换信息，不可避免地会出现违反规则的人。防火墙就是防止不良现象发生的"交警"，它执行站点的安全策略，仅仅允许"认可的"和符合规则的请求通过。

2. 有效记录 Internet 上的活动

因为所有进出信息都必须通过防火墙，所以防火墙适用于收集关于系统和网络使用、误用的信息。作为唯一的访问点，防火墙能在被保护的网络和外部网络之间的所有时间段进行记录。

3. 限制暴露用户点

防火墙能够在网络中将一个网段与另一个网段隔开。这样，就能够防止把受影响的网段的问题传播给其他网段。

4. 防火墙是一个安全策略的检查站

所有进出的信息都必须通过防火墙，防火墙便成为安全问题的检查点，使可疑的访问被拒之门外。

（二）防火墙的不足

防火墙目前还存在不少不足，主要表现为下面几点：

1. 不能防范恶意的知情者

防火墙可以禁止系统用户通过网络连接发送某些特定的信息，但用户可以复制数据，然后携带出去。如果入侵者已经在防火墙的内部，防火墙是无能为力的。内部用户可以随意偷窃数据、破坏软件，并且不通过防火墙就能巧妙地修改程序。防范知情者的威胁只能加强内部管理，如主机安全和用户教育等。

2. 不能防范不通过它的连接

防火墙能够有效地防止通过它进行违规或破坏性的信息传输，然而不能防止不通过传输的信息。例如，如果站点允许对防火墙后面的内部系统进行拨号访问，那么防火墙就没有办法阻止入侵者进行拨号入侵。

3. 不能防备全部的威胁

防火墙主要是用来防备已知的威胁，如果是一个很好的防火墙设计方案，可以防备新威胁，但没有一个防火墙能够自动防御所有的新威胁。

4. 防火墙不能防范病毒

目前，防火墙还不能消除网络上的 PC 机病毒，必须与杀毒软件搭配使用才能防范病毒。

第二节　防火墙技术类别

各站点的防火墙的构造是不同的，通常一个防火墙由一套硬件和适当的软件组成。组成的方式可以有很多种，这要取决于站点的保护要求、经费的多少以及其他的综合因素。但是防火墙也不仅仅是路由器、堡垒主机或任何提供网络安全的设备的组合，它是安全策略的一部分。

防火墙技术可根据防范的方式和侧重点的不同分为很多种类型，但总体来讲可分为三大类：数据包过滤器（Packet Filter）、代理（Proxy）和状态分析（Stateful Inspection），现代防火墙产品通常混合使用这几种技术。

一、分组过滤型防火墙

分组过滤（Packet Filtering）型防火墙也叫包过滤防火墙，作用在网络层和传输层，它根据分组包头源地址、目的地址和端口号、协议类型等标志确定是否允许数据包通过。只有满足过滤逻辑的数据包才被转发到相应的目的地出口端，其余数据包则从数据流中被丢弃。

分组过滤或包过滤是一种通用、廉价、有效的安全手段。之所以通用，因为它不针对各个具体的网络服务采取特殊的处理方式；之所以廉价，因为大多数路由器都提供分组过滤功能；之所以有效，因为它能很大程度地满足企业的安全要求。

包过滤在网络层和传输层起作用。它根据分组包的源、宿地址，端口号及协议类型、标志确定是否允许分组包通过。所根据的信息来源于 IP、TCP 或 UDP 包头。

包过滤的优点是不用改动客户机和主机上的应用程序，因为它在网络层和传输层工作，与应用层无关，仅用一个放置在重要位置上的包过滤路由器就可保护整个网络。但其缺点也是明显的：①过滤判别的只有网络层和传输层的有限信息，因而各种安全要求不可能充分满足；②在许多过滤器中，过滤规则的数目是有限制的，而且随着规则数目的增加，性能会受到很大的影响；③由于缺少上下文关联信息，不能有效地过滤如 UDP、RPC 一类的协议；④大多数过滤器中缺少审计和报警机制，且管理方式和用户界面较差；⑤对安全管理人员素质要求高，建立安全规则时，必须对协议本身及其在不同应用程序中的作用有较深入的理解。因此，过滤器通常和应用网关配合使用，共同组成防火墙系统。

二、应用代理型防火墙

应用代理（Application Proxy）型防火墙也叫应用网关（Application Gateway）防火墙，它作用在应用层，特点是完全"阻隔"了网络通信流，通过对每种应用服务编制专门的代理程序，实现监视和控制应用层通信流的作用，实际中的应用网关通常由专用工作站实现。

应用代理型防火墙是内部网与外部网的隔离点，起着监视和隔绝应用层通信流的作用。同时也常结合过滤器的功能。

代理服务有两个优点：①代理服务允许用户"直接"访问因特网；②代理服务适合做日志。

三、复合型防火墙

对于更高安全性的要求，常把基于包过滤的方法与基于应用代理的方法结合起来，形成复合型防火墙产品。复合型防火墙主要有两种方案。

（一）屏蔽主机防火墙体系结构

在该结构中，分组过滤路由器或防火墙与 Internet 相连，同时一个堡垒机安装在内部网络中，通过在分组过滤路由器或防火墙上过滤规则的设置，使堡垒机成为 Internet 上其他节点所能到达的唯一节点，这确保了内部网络不受未授权外部用户的攻击。

（二）屏蔽子网防火墙体系结构

堡垒机放在一个子网内，形成非军事化区，两个分组过滤路由器放在这一子网的两端，使这一子网与 Internet 及内部网络分离。在屏蔽子网防火墙体系结构中，堡垒主机和分组过滤路由器共同构成了整个防火墙的安全基础。

四、选择防火墙的原则

在规划网络时，不能不考虑整体网络的安全性。而谈到网络安全，就不能忽略防火墙的功能。防火墙产品非常多，在选购防火墙时，应该考虑以下几点：

（1）一个好的防火墙应该是一个整体网络的保护者。一个好的防火墙应该能够保护整体网络，它所保护的对象应该是全部的 Intranet，而不仅是那些通过防火墙的使用者。

（2）一个好的防火墙必须能弥补其他操作系统的不足。一个好的防火墙必须是建立在操作系统之前而不是在操作系统之上，操作系统有些漏洞可能并不会影响一个好的防火墙系统所提供的安全性。由于硬件平台的普及以及执行效率因素，大部分企业经常把对外提供各种服务的服务器分散在许多操作平台上，在无法保证所有主机安全的情况下，选择防火墙作为整体安全的保护者。这正说明了操作系统提供 B 级或是 C 级的安全并不一定会直接对整体安全造成影响，因为一个好的防火墙是能够弥补操作系统的不足的。

（3）一个好的防火墙应该为使用者提供不同平台的选择。由于防火墙并非完全由硬件构成，所以软件（操作系统）所提供的功能以及执行效率，一定会影响整体的表现，而使用者的操作意愿及对防火墙软件的熟悉程度也是必须考虑的重点。因此，一个好的防火墙除了本身要有良好的执行效率，还应该提供多平台的执行方式供使用者选择，毕竟使用者才是完全的控制者。使用者应该选择一套符合现有环境需求的软件，而非为了软件的限制而改变现有环境。

（4）一个好的防火墙应能向使用者提供完善的售后服务。有新的产品出现，就会有人研究破解方法，所以，一个好的防火墙提供者必须有一个庞大的组织作为使用者的安全后盾，也应该有众多的使用者所建立的口碑为防火墙作见证。防火墙安装和投入使用后，并非万事大吉。要想充分发挥它的安全防护作用，必须对它进行跟踪和维护，要与商家保持密切联系，时刻注视商家的动态。因为商家一旦发现其产品存在安全漏洞，会尽快发布补救产品，此时应尽快确认真伪（防止特洛伊木马等病毒），并对防火墙软件进行更新。

参考文献

[1]National Computer Network Emergency Response Technical Team/Coordination Center of China.China's internet network security situation report for the first half of 2020[R].Tech.Rep.,Aug.2020.

[2]J.E.Mai.Looking for information:A survey of research on information seeking,needs,and behavior[M].Emerald Group Publishing,2016.

[3]A.L.Barabási.Network science[M].Cambridge university press,2016.

[4]C.Amato,G.Chowdhary,A.Geramifard,et al.Decentralized control of partially observable Markov decision processes[C].2013 IEEE 52nd Annual Conference on Decision and Control（CDC）,IEEE,2013:2398-2405.

[5]M.P.Gonzalez,J.Cerquides,P.Meseguer.MAS-planes:a multi-agentsimulation environment to investigate decentralised coordination for teams of UAVs[C].2014 international conference on Autonomous agents and multi-agent systems.International Foundation for Autonomous Agents and Multiagent Systems,2014:1695-1696.

[6]H.Rezaee,Abdollahi F.A decentralized cooperative control scheme with obstacle avoidance for a team of mobile robots[J].IEEE Transactions on Industrial Electronics,2014,61（1）:347-354.

[7]Y.Cao,W.Yu,W.Ren,et al.An overview of recent progress in the study of distributed multi-agent coordination[J].IEEE Transactions on Industrial informatics,2013,9（1）:427-438.

[8]C.Amato,F.A.Oliehoek.Scalable Planning and Learning for Multiagent POMDPs[C].AAAI.2015:1995-2002.

[9]S.Tan,J.Lu,G.Chen,et al.When structure meets function in evolutionary

dynamics on complex networks[J].IEEE Circuits and Systems Magazine,2014,14（4）:36-50.

[10]A.Kumar,S.Zilberstein,M.Toussaint.Probabilistic inference techniques for scalable multiagent decision making[J].Journal of Artificial Intelligence Research,2015,53:223-270.

[11]M.Liu,Y.Xu,H.Hu,et al.Semantic Agent-Based Service Middleware and Simulation for Smart Cities[J].Sensors,2016,16（12）:2200.

[12]J.Sabater,C.Sierra.Reputation and social network analysis in multi-agent systems[C].Proceedings of the first international joint conference on Autonomous agents and multiagent systems:Part 1.ACM,2002:475-482.

[13]F.S.Melo,M.Veloso.Decentralized MDPs with sparse interactions[J].Artificial Intelligence,2011,175（11）:1757-1789.

[14]Y.Xu,P.Scerri,B.Yu,et al.An integrated token-based algorithm for scalable coordination[C].Proceedings of the fourth international joint conference on Autonomous agents and multiagent systems.ACM,2005:407-414.

[15]W.Liu,W.Gu,W.Sheng,et al.Decentralized multi-agent system-based cooperative frequency control for autonomous microgrids with communication constraints[J].IEEE Transactions on Sustainable Energy,2014,5（2）:446-456.

[16]J.Scharpff,D.M.Roijers,F.A.Oliehoek,et al.Solving Transition- Independent Multi-Agent MDPs with Sparse Interactions[C].AAAI.2016:3174-3180.

[17]H.Rastgoftar,S.Jayasuriya.Continuum evolution of multi agent systems under a polyhedral communication topology[C].American Control Conference（ACC）,2014.IEEE,2014:5115-5120.

[18]D.Bloembergen,K.Tuyls,D.Hennes,et al.Evolutionary Dynamics of Multi-Agent Learning:A Survey[J].J.Artif.Intell.Res.（JAIR）,2015,53:659-697.

[19]D.Ye,M.Zhang.A survey of self-organization mechanisms in multiagent systems[J].IEEE Transactions on Systems,Man,and Cybernetics:Systems,2017,47（3）:441-461.

[20]D.S.Bernstein,R.Givan,N.Immerman,et al.The complexity of decentralized

control of Markov decision processes[J].Mathematics of operations research,2002, 27（4）:819-840.

[21]R.O.Saber,J.A.Fax,R.M.Murray.Consensus and cooperation in networked multi-agent systems[J].Proceedings of the IEEE,2007,95（1）:215-233.

[22]R.Bellman.Dynamic programming[M].Courier Corporation,2013.

[23]Y.Drias,G.Pasi.A collaborative approach to web information foraging based on multi-agent systems[C].Proceedings of the International Conference on Web Intelligence.ACM,2017:365-371.

[24]L.A.Adamic,R.M.Lukose,A.R.Puniyani,et al.Search in power-law networks[J].Physical review E,2001,64（4）:046135.

[25]J.S.Dibangoye,C.Amato,O.Buffet.Optimally solving Dec-POMDPs as continuous-state MDPs[J].Journal of Artificial Intelligence Research, 2016, 55: 443-497.